技术遗产（第一辑）

北京科技大学科技史与文化遗产研究院

潜　伟◎主　编

章梅芳◎副主编

中国科学技术出版社

·北　京·

图书在版编目（CIP）数据

技术遗产．第一辑 / 潜伟主编．-- 北京：中国科学技术出版社，2023.12

ISBN 978-7-5046-9342-6

Ⅰ．①技… Ⅱ．①潜… Ⅲ．①自然科学史－中国 Ⅳ．① N092

中国版本图书馆 CIP 数据核字（2021）第 258964 号

策划编辑 王晓义
责任编辑 付晓鑫
封面设计 中文天地
正文设计 中文天地
责任校对 焦　宁
责任印制 徐　飞

出　　版 中国科学技术出版社
发　　行 中国科学技术出版社有限公司
地　　址 北京市海淀区中关村南大街 16 号
邮　　编 100081
发行电话 010-62173865
传　　真 010-62173081
网　　址 http://www.cspbooks.com.cn

开　　本 710mm × 1000mm　1/16
字　　数 252 千字
印　　张 14.5
版　　次 2023 年 12 月第 1 版
印　　次 2023 年 12 月第 1 次印刷
印　　刷 北京荣泰印刷有限公司
书　　号 ISBN 978-7-5046-9342-6 / N · 319
定　　价 69.00 元

编辑委员会

卷首语

技术进步促进了人类物质文明的发展，推动了人类社会的进步。技术远比科学古老。技术史与人类史一样源远流长。技术遗产是人类为实现社会需要，通过各种技术手段创造的各类文化遗产，是过去的改造自然的手段、方法和技能的总和，也是各种有价值的技术创造物的遗存总和。文化遗产有物质文化遗产和非物质文化遗产之分。因此，技术遗产既包括有形的物质文化遗产，也包括无形的非物质文化遗产。有形技术遗产包括蕴含有技术价值的古文献、档案资料、馆藏文物、遗址等，无形技术遗产主要是传统工艺或技艺。技术遗产作为体现人类价值观及文明理念最丰富的载体和最具象的符号，承接着技术发展嬗变的时代印记，折射出科学技术文化的流变态势，代表着社会文明发展的前进步伐。技术史是技术遗产的核心与内在属性，技术遗产是技术史的载体和物态表现。实现对技术遗产更深入的理解和认知，才能有效保护好技术遗产的本体及所属价值，才能全方位地实现技术遗产的展示、利用与传承、创新。

1971 年，加拿大学者在经济学领域提出了“技术遗产”的概念。随后，这一概念在技术史与文化遗产领域有少量传播与应用。2013 年出版的海峡两岸科学与工艺遗产学术研讨会文集《技术遗产与科学传统》，是国内较早使用“技术遗产”名称的。2018 年，由中国科学技术史学会农学史专业委员会、技术史专业委员会等联合主办的“中国技术史论坛”正式更名，并在浙江省杭州市举行了第六届“中国技术史与技术遗产论坛”。

北京科技大学科技史与文化遗产研究院致力于技术遗产研究多年，科学技术史学科入选“双一流”学科建设行列，现有冶金与材料史、技术史与传统工艺、工业史与工业遗产、文化遗产保护、科学技术与文化等多个研究方向，先后建设有科学技术与文明研究中心、金属与矿冶文化遗产研究国家文物局重点科研基地、北京市文物局重点科研基地、传统金属工艺全国普通高校中华优秀传统文化传承基地、材料考古与保护教育部重点实验室等基础条件平台。2021年，新一轮“双一流”建设周期开始,《技术遗产》系列出版物已纳入北京科技大学学科建设规划，以促进学界这一领域之发展。承蒙国内同人学者关爱眷顾，遂有本集刊编撰出版工作的推进。

本辑主要内容专注于传统工艺，旨在集中展示近期国内学者在此领域的研究新进展，由潜伟主编，章梅芳副主编，王传超、张吉承担大量审稿和编辑工作。非物质文化遗产中的传统技艺和传统医药可视作无形非物质技术遗产。中国国家级传统工艺非物质文化遗产是指世代相传、具有百年以上历史以及完整工艺流程，采用天然材料制作，具有鲜明民族风格和地方特色的工艺品种和技艺。传统工艺是技术与艺术的结合，是古代技术发明的活化石。传统工艺的保护传承，首先要重视传统工艺的价值评估，也存在从几种价值各自的角度进行合理评估；然后是传统工艺的抢救性保护，通过田野调查，对传统工艺传承人进行采访，并记录有关声像资料，实现有目的的记录保存；同时针对非物质技术遗产的各自特点，有效设计其活态保护方案，实现文化与旅游互动的良性循环。传统工艺研究中的科学化问题也颇值得关注，即以传统工艺实地调查为基础，以现代科学知识和科学方法为科学化分析手段，并利用现代科学原理、技术理念进行工艺解释与还原，最终实现建立一套规范化、科学化的传统工艺体系。这体现出物质技术遗产和非物质技术遗产的双重属性，需要多种现代科技手段和文理交叉研究方法的融会贯通。

开展技术遗产价值挖掘、认知研究、有效保护、传承创新和活化利用，衔接古代文明和现代文明，讲好中国故事，将为中国式现代化道路发展、实现中华民族伟大复兴贡献力量！

潜　伟

2023 年 11 月 24 日

目　录

开辟新学术领域
——以《中国传统工艺全集》编撰为例

张柏春[1,2]

（1. 中国科学院自然科学史研究所，北京，100190；

2. 南开大学科学技术史研究中心，天津，300350）

摘要：科技史学家华觉明和他的同道自1985年开始推动传统工艺研究与保护工作，并向政府部门提出相关建议。他们在1995年提出的《中国传统工艺全集》编写计划被中国科学院批准为“九五”重点项目。到2016年，由340多位作者撰写的20卷本《中国传统工艺全集》由大象出版社出版，其内容涵盖近600种传统工艺。这套书推动了技术史、工艺美术、民俗学、考古学、文物保护等学科领域的交叉研究。它不仅开辟了新的学术领域，而且还为认知、保护、传承和振兴传统工艺奠定了坚实的学术基础。

关键词：开辟；新领域；传统工艺全集

0 引 言

1998年至2010年，中国科学院自然科学史研究所组织编著的《中国科学技术史》出版了26卷，其中包括矿冶、陶瓷、水利、建筑、桥梁、交通、机械、军事技术、农学、纺织、造纸与印刷、度量衡12部技术分卷。随着这套书逐卷成书，各学科带头人积极思考中国科技史界应当重点开拓哪些方向的研究。在此情况下，中国科学院自然科学史研究所在1995年筹划1996—2000年科研项目，提出了编著《中国古代工程技术史大系》和《中国传统工

作者简介：张柏春，吉林省白城市人，中国科学院自然科学史研究所研究员，南开大学双聘教授、博士生导师，主要研究方向为科学技术史、科技发展战略。

艺全集》（以下简称"《全集》"）的方案，二者统称为"中国传统技术综合研究"，1999 年被中国科学院批准为"九五"重点项目。其中，科技史学家华觉明主持的《全集》编纂项目聚焦中国传统技艺，成为古代技术史研究的一个新的着力点和生长点。

1 引领传统工艺的科学认知、抢救和保护

传统工艺（traditional crafts and arts）是指工业化以前人们发明、改进和传承的技艺，主要由"技"和"艺"构成[1]。传统工艺有着极为丰富的技术、艺术、民俗、历史和社会等内涵，兼具有形文化和无形文化（非物质文化，intangible culture）的特征，凝聚着工匠的智巧和精益求精的精神。

中国是传统工艺大国。不过，传统工艺过去未受到应有的重视，甚至被视为"落后"的符号，有些技艺在工业化浪潮中已经绝迹或濒临绝迹。1985 年，华觉明、谭德睿和祝大震开始合作推动传统工艺研究与保护工作[2]。1987 年，华觉明、谭德睿和苏荣誉在《科技日报》发表《论传统工艺的调查研究和立法保护——技术更新换代中亟待引起重视的一个问题》。

同年，在国家科学委员会①和国家文物局的支持下，华觉明联络多家单位的专家成立传统工艺开发研究组，进行广泛的调查和研究，编制《中国传统工艺类目》，进而在 1988 年上报了《传统工艺保护开发实施方案》，提出了传统工艺保护开发的对策、工作要点和具体措施，建议国家科学委员会和国家文物局等政府部门支持。1992 年，他考虑先组织撰写一套书，系统记录同道们的研究成果，为日后国家立法保护传统工艺提供科学依据。1995 年，他和谭德睿、祝大震等专家发起成立传统工艺研究会。他们提出的《全集》编撰构想得到自然科学史研究所和中国科学院领导路甬祥院士的支持。在人们普遍不看好的情况下，华觉明的倡议和筹划工作具有突出的前瞻性和引领性。

《全集》主编为路甬祥院士，常务副主编是华觉明和谭德睿，其他副主编有王渝生、田自秉和周常林。1996 年秋，路甬祥主编召开编撰工作会议②，及时开

---

① 1998 年，改名为科学技术部。

② 2003 年联合国教科文组织通过了《保护非物质文化遗产公约》，它将传统工艺列入"非物质文化遗产（intangible cultural heritage）"。同年，中华人民共和国文化部启动"中国民族民间文化保护工程"。2006 年 6 月国务院发布了包括传统工艺在内的第一批国家级非物质文化遗产代表性项目名录，此时《全集》已经出版 7 卷。

始编撰《漆艺》和《陶瓷》等卷，指出:“《全集》名全而实不全，但我们要努力做得全一点。”2007年，中国科学院决定支持续编《全集》。到2016年,《全集》共出版20卷，收录14大类、近600种传统工艺[①]，有1400多万字（表1）。此外，华觉明还致力于普及《全集》的学术成果，2008年着手组织编写《中国手工艺》丛书，2014年单独出版《中国手工技艺》一卷（图1）。《全集》《中国手工艺》丛书和《中国手工技艺》为政府部门和社会有关方面了解传统工艺及其价值，实施遗产保护和振兴计划提供了坚实的科学基础。

图1 《中国传统工艺全集》及其普及本

在华觉明看来，作者们在当代科技高度上，对传统工艺做了细致的实地考察，经分析检测和鉴别论著，精心编撰成学术丛书，并使《全集》成为《考工记》和《天工开物》在当代的“补编和续编”[3]。实际上,《全集》是具有里程碑意义的巨著，堪称当代版的《天工开物》。

① 在中国历史上，先秦的《考工记》收录6类30种工艺，明末宋应星的《天工开物》以18卷记录了115种工艺。

表 1 《中国传统工艺全集》的分卷与核心作者

分　　卷	核心作者（主要研究领域）
金属工艺	谭德睿（冶金史、科技考古、传统工艺），孙淑云（冶金史、科技考古）
锻铜和银饰工艺（上、下）	唐绪祥（金属工艺、首饰）
金银细金工艺和景泰蓝	唐克美（工艺美术），李苍彦（工艺美术）
甲胄复原	白荣金（文物修复），钟少异（军事技术史）
陶瓷	杨永善（工艺美术）
陶瓷（续）	杨永善
雕塑	汤兆基（工艺美术、书画等）
漆艺	乔十光（漆画艺术）
丝绸织染	钱小萍（纺织工艺）
传统机械调查研究	张柏春（技术史），张治中（机械史），冯立昇（技术史、数学史），钱小康（机械史），李秀辉（冶金史、科技考古），雷恩（物理学史）
农畜产品加工	周嘉华（化学史、传统工艺），李劲松（传统工艺），关晓武（技术史、科技考古），朱霞（民俗学）
中药炮制	丁安伟（中药学）
酿造	包启安（酿造工艺），周嘉华
造纸与印刷	张秉伦（生物学史、传统工艺），方晓阳（传统工艺、科技考古），樊嘉禄（造纸史、传统工艺）
造纸（续）· 制笔	樊嘉禄
制砚 · 制墨	方晓阳，王伟（传统工艺），吴丹彤（传统工艺）
民间手工艺	田小杭（民俗学）
文物修复和辨伪	周宝中（文物保护）
历代工艺名家	田自秉（工艺美术），华觉明（冶铸史、传统工艺）

2　率先组织传统工艺的多学科研究

传统工艺是一个科技与人文的交叉领域。科技史、工艺美术、历史学、考古学、文物保护、民俗学、人类学和社会学等学科领域的专家学者都可以发挥自己的学科专长，进行多视角的深入调查和研究，并且开展跨学科的交流与合作探讨，共同勾画传统工艺的知识图景。

涉及多学科的研究和编纂方案并选对各卷负责人和作者是《全集》项目成功的一个关键[2]。340多位专家、学者和艺人参与研究和撰稿。他们来自科研院所、高等院校、考古和文博等部门。在32位分卷主编（核心作者）中，有18位科技史（含传统工艺）专家，7位工艺美术专家，2位文物修复专家，2位民俗学专家，3位工艺门类专家。在这些卷中，有6卷以科技史专家为第一作者，7卷以工艺美术专家为第一作者，3卷以工艺门类专家为第一作者，2卷以文物修复专家为第一作者，1卷以民俗学专家为第一作者。2020年，7位学者合写了一篇书评，对《全集》的《造纸与印刷》《陶瓷》《陶瓷（续）》《丝绸织染》和《甲胄复原》等卷做了评介，现选摘如下[4]。

《造纸与印刷》将传统印刷工艺分为雕版、活字、套色、饾版、拱花等12大类。作者张秉伦、樊嘉禄和方晓阳等科技史学家做了大量的文献分析和田野调查，指出蔡伦之前造纸术已拥有脱胶技术和将沤过的麻切碎舂捣使纤维帚化的工艺，当时的纸张可能是用固定式纸帘以浇纸法制成的。张先生深入研究了加工纸的产生、发展、花色品种和制作技艺作，并合作复原了描金粉蜡笺、洒金笺的制作工艺。

《陶瓷》阐述了陶器的发明、由陶到瓷的技艺转变、景德镇制瓷传统、宜兴紫砂技艺及其人文内涵、窑场对人们日常生活的贡献及所呈现的智慧。《陶瓷（续）》阐释了龙泉窑、磁州窑、定窑、耀州窑、钧窑、德化窑、建水窑、醴陵窑的技艺。主编杨永善先生基于丰富的资料和长期的研究，翔实论述了陶瓷的材料、工艺、形制、美感、功能和效用，这有助于读者深入理解陶瓷技艺、专家改进陶瓷设计和制作技艺。

《丝绸织染》涵盖了栽桑、养蚕、制丝、整合到织造、印染的全过程，涉及刺绣、缂丝、抽纱、织毯等艺种，每一艺种又细分为若干类别和数十道工序详加阐述。主编钱小萍是集学者、工程师和非遗传承人于一身的丝绸专家。她和合作者们撰写的这一卷具有3个特点：一是专业性和系统性强；二是详细解析了织物组织结构、挑花结本方法、花楼织机等技艺，填补了以往著述的空白；三是织造工艺及其流程的可操作性突出。

《甲胄复原》是中国式甲胄的第一部专著。该书的复原部分由白荣金执笔，历史部分由钟少异执笔。白先生作为全能型文物修复专家，尤其致力于出土甲胄的清整和修复。他以自己的丰富修复经验为基础，在《甲胄复原》中详述历代甲胄的保存状况，污垢和锈斑的清理，甲片的材质、形制与排列，甲胄的结构、连缀材料与编连方法，以及饰品、彩绘和贴箔等措施。2018 年，白先生开始复原甲胄，撰写《甲胄制作》卷。

此外，《传统机械调查研究》的作者们实地调查多种传统机械，发现了古文献未记载的构造、选材、零件制作、零件装配、润滑、操作和控制等方面的重要技艺。他们以工程师的方法解析工匠技艺，绘制机械图，以求后人能够据此制作出这些机械。

2006 年，同行专家对《全集》先期出版的 7 卷做出了评价，认为“此项研究具有极高的学术价值和历史价值，为维护中国的文化命脉和保持民族精神的特质做出了贡献”[2]。具体来看，《全集》显著拓展了科技史研究的领域，在传统工艺的认知、抢救、保护、传承、振兴和学科建设等方面发挥了引领作用。《全集》还起到了“以项目带学科”的作用，特别是推动了多学科领域的交叉融合，促进“传统工艺”逐步成长为一门交叉学科。

3 探讨传统工艺理论问题与学科建设

作为《全集》的总设计师，华觉明先后撰文探讨了关于传统工艺的理论和实践问题，2019 年将 29 篇文章结集为《与手艺同行——华觉明论传统工艺》，2020 年由大象出版社出版。该书所收多篇文章呼吁或论述了传统工艺的内涵、类目、价值、调查、研究、保护、传承、利用和创新等重要问题，强调抢救、保护和振兴的紧迫性，提到冶铸等工艺的调查和复原，并且提出了具体的方案和政策建议。

《与手艺同行——华觉明论传统工艺》中收录了 2014 年发表的《手工艺的再认识》一文，即为《中国手工技艺》作的序。华觉明在文中指出传统工艺具有“三品四性”的本质特征，三品是指实用品格、理性品格、审美品格，四性是指人性的、个性的、能动的和永恒的。这些本质特征决定了传统工艺的民生价值、经济价值、学术价值、艺术价值、人文价值、历史价值和现代价值[5]。

华觉明逐步勾勒出传统工艺的知识体系。2005 年 4 月，他在全国中青年技术史学者会议上作报告，将传统工艺分为 12 大类：器械制造，雕塑，陶瓷，织染，金属的采选、冶炼和加工，髹漆，酿造、炮制和其他农畜矿产品加工，造纸，印刷，编织扎制，刻绘，还有其他手工艺。每个大类又分门类，每个门类之下有若干种类，如此构成 3 级分类体系。例如，织染下面有织锦、印染、刺绣等门类，织锦又分为云锦、宋锦、蜀锦、状锦等种类[6]。2017 年 7 月，华觉明在《光明日报》发表文章，强调应将中国的传统工艺分为 14 大类，较 2005 年增加了营造、刺绣、服饰制作、家具制作、剪印、特种工艺等内容，把“髹漆”改为“髹饰”，将“器械制作”扩展为“工具器械制作”[3]。2018 年，华觉明又将“中医炮制”单独列为一个大类，形成 15 大类的传统工艺体系——工具器械制作、农畜矿产品加工、雕塑、营造、织染绣及服饰制作、陶瓷烧造、金属采冶和加工、编织扎制、髹饰、家具制作、造纸、印刷、剪刻印绘、中药炮制和特种工艺[7]。

华觉明追求传统工艺研究和《全集》的完美。他在《传统工艺的现代价值》中指出《全集》名全而实不全，侧重工艺和技法，社会人文内涵有所欠缺，认为有必要、也有条件进行修订和续编，写出真正的《全集》。2018 年 7 月，在中国科学院、文化和旅游部支持下，华觉明主持启动《全集》的修订和续编预研工作，主要是编撰《中国传统工艺概论》《家具》和《甲胄制作》各 1 卷，并筹划将《全集》增加到 30 卷。计划新增的分卷还包括《工具器械》《营造》《棉麻毛织造》《刺绣》《服饰》《编织扎制》《剪纸刻纸》《年画》《皮影》《特种工艺》等，其中特种工艺、矿产品加工等领域的研究接近空白。

华觉明十分看重传统工艺的学科建设。早在 2005 年，华觉明就指出：“我们应当提倡和坚持多学科综合性研究，改变过去单纯的技术性研究的方法和格局。……现有的这些中青年学者包括老年学者都需要改进和完善知识结构，需要提高人文素养和外语水平。将来还应该建立国际联系，如加入世界手工艺理事会等”[6]。2018 年，他在《中国传统工艺的现代价值与学科建设》一文中强调传统工艺学科建设须注意这样几个方面：①建立传统工艺学科建设联席会议，策划、运作全国范围的学科建设；②成立国家级的传统工艺专职研究机构；③建立干部、专家与社区、企业、艺人相结合的传承发展工作模式，以代替目前由政府主导、非经营性、非精准扶持的工作模式；④设立专项基金支持传统工艺研究；⑤举行系列的传统工艺学术会议并推出论文集，创办英文版《中国传统工艺》期刊，加强交流与传播[7]。

华觉明还为有关部委和地方政府做了许多咨询评议和政策调研工作。例如，受中国科学技术协会委托，他和廖育群研究员组织开展“中国传统工艺申遗与保护传承对策研究”，基于考察各类传统工艺的代表作，研讨传统手工技艺保护和可持续发展所面临的政策性问题及应对之策，主持起草了专题研究报告[8]。

李晓岑在《与手艺同行——华觉明论传统工艺》的序文中提到，文化和旅游部非物质文化遗产司曾在 2016 年 8 月邀请华觉明主持讨论《传统工艺振兴计划》文本，他和参会专家们提出了修改建议。

华觉明是跨学科的学者，也是《全集》的总设计师和编研工作领导者。他将多学科的名家和学者凝聚起来，创造性地展开传统工艺的实地调查、学术研究、理论研究、学科建设和咨询评议，打造里程碑式的学术丛书，提出抢救、保护、传承、创新和振兴等方面的方案和政策建议，创造了开辟新学术领域的成功范例。

参考文献

[1] 中国科学院院刊编辑部. 传统工艺的科学认知——张柏春研究员访谈［J］. 中国科学院院刊，2018，33（12）：1314–1318.

[2] 华觉明.《中国传统工艺全集》的筹划与实施［J］. 自然科学史研究，2020，39（增刊）：31–40.

[3] 华觉明. 传统工艺的当代价值［N］. 光明日报，2017–07–20：13.

[4] ZHANG YAN, BAI YUNYAN, SHEN ZHIXIAN, et al. Complete Collection of Traditional Chinese Arts and Crafts（Zhongguo chuantong gongyi quanji）: A Work of Ingenuity［J］. Chinese Annals of History of Science and Technology, 2020, 4（1）: 166–174.

[5] 华觉明，李劲松，王连海，等. 中国手工技艺［M］. 郑州：大象出版社，2014.1–16.

[6] 华觉明. 传统工艺研究、保护和学科建设［A］// 张柏春，李成智，主编. 技术史研究十二讲［M］. 北京：北京理工大学出版社，2006：115–129.

[7] 华觉明. 中国传统工艺的现代价值与学科建设——《中国传统工艺全集》编撰述要［J］. 中国科学院院刊，2018，33（12）：1319–1326.

[8] 廖育群，华觉明. 传统手工技艺的保护和可持续发展［M］. 郑州：大象出版社，2009.

Open up A New Research Field: *Complete Collection of Traditional Chinese Crafts and Arts* as a Case Study

ZHANG Baichun[1,2]

(1. Institute for the History of Natural Sciences, Chinese Academy of Sciences, Beijing 100190, China; 2. The Research Center for the History of Science and Technology, Nankai University, Tianjin 300350, China)

Abstract: Hua Jueming, a leading historian of science and technology, and his co-workers began to promote the studies and protection of traditional crafts and arts, and further advised the government sectors on the related issues. In 1995, they worked out a proposal to write a book series on traditional Chinese and crafts arts, which was approved for key projects of Chinese Academy of Sciences' Nine Five-year Plan. By 2016, Elephant Press has published 20 volume of the book series entitled *Complete Collection of Traditional Chinese Crafts and Arts*, which was written by more than 340 authors, covered nearly 600 kinds of crafts and arts. The book series promoted the inter-disciplinary studies of technological history, arts folklore, archaeology, and preservation of cultural relics. It not only opened up a new research field, but also laid a strong academic foundation of cognition, protection, succession and invigoration of traditional crafts and arts.

Keywords: open up; new field; *Complete Collection of Traditional Chinese Crafts and Arts*

基于文化自觉的传统工艺调查与研究
——对《中国传统工艺全集》编撰理念的理解与认识

冯立昇

（清华大学科学技术史暨古文献研究所，北京，100084）

摘要：《中国传统工艺全集》是中国科学院组织全国340多位学者集体完成的一部集大成之作，内容涵盖了中国传统工艺的主要门类，是传统工艺和技术史领域的重大成果。文章作者结合参加《中国传统工艺全集》编撰工作和非物质文化遗产保护实践的感受，探讨了全书的编撰理念，阐述了该书在传统工艺保护与传承、学科建设乃至提升文化自觉方面的意义和重要价值。

关键词：中国传统工艺；学科建设；文化自觉

0 引　言

中国的传统工艺源远流长，有极丰富的科技和人文内涵，对中华民族的形成和发展起过非常重大的作用。传统工艺主要是手工业生产实践中蕴含的技术和工艺或技能，各类传统工艺与社会生产和日常生活密切相关，并由群体或个体世代传承和发展。古代的人工制品和现存的物质文化遗产大都是传统工艺的产物。传统工艺的历史文化价值是不言而喻的，即使在当今社会和日常生活中也有广泛应用，为民众所喜闻乐见，从而具有重要的现代价值，对维系中国的文化命脉和保存民族特质具有无可替代的作用。改革开放以来，工业化和城镇化进程不断加快，经济全球化和对外开放的步伐也在加快，传统工艺及其文化

作者简介：冯立昇，山西省浑源县人，清华大学科技史暨古文献研究所教授，研究方向为技术史与数学史。

受到极大的冲击，其传承发展面临严峻挑战。传统工艺一旦失传，往往造成难以挽回的文化损失。如何在调查研究的基础上抢救、保护传统工艺，首先成为科技史及相关领域学者关注的研究课题。

1 《中国传统工艺全集》及相关研究的重要意义和学术价值

早在20世纪80年代中期，华觉明等学者就呼吁要重视对传统工艺的保护与研究，并组织国内相关学者开展文献整理与田野调查。1996年，在路甬祥院士的支持下，《中国传统工艺全集》(以下简称《全集》)被列为中国科学院“九五”重大科研项目，不久又被国家新闻出版署列为“九五”重点出版项目。路甬祥院士出任主编，华觉明、谭德睿任常务副主编，从全国范围聘请有权威的专家学者担任各分卷主编，参与编撰的作者达340多人。《全集》是倾全国同行之力完成的集大成之作，众多作者对传统工艺做了细致的田野调查，又结合前人研究成果做了深入的分析论证，完成了填补空白的工作。

从1997年到2002年，经6年努力，完成了《全集》第一批14卷的编撰任务。从2004年起，这14卷书陆续出版，2008年出齐。2006年，《全集》首批刊行的7卷荣获国家新闻出版署颁发的优秀出版物奖。丛书推出时，正值我国签署联合国保护非物质文化遗产公约之际，政府开始更加重视并组织开展保护工作，《全集》的出版对传统技艺保护和学科建设都起到了推动作用。

2004年后，全国各地开始申报国家级非物质文化遗产名录，传统工艺是其中的一大要项。《全集》的出版适逢其时，很快产生了重要影响，取得了良好的社会效益。《全集》为造纸、印刷、织染、陶瓷、金属工艺、漆艺等申报国家级名录提供了重要的科学依据。华觉明和几位学者被文化部聘请为国家非物质文化遗产保护专家委员会成员。

2008年，《全集》第二辑编撰工作启动，包括6卷7册。其中，《甲胄复原》于2009年出版，其余5卷6册于2016年2月出版。《全集》内容丰富、论述严谨，具有鲜明的特色和较高的学术水平。有些分卷堪称传世之作，如《漆艺》《陶瓷》《丝绸织染》《造纸与印刷》《甲胄复原》《锻铜和银饰》等卷。这套成系列的学术著作，对科技人文研究具有开拓意义，成为图文并茂、富有学术价值的历史性著作。在中国历史上，系统地记述工艺技术的著作不多，除先秦的《考工记》和明代的《天工开物》外，均散见于史籍、笔记和方志之中，且多记述简略、语焉不详。《全集》涵盖传统工艺 14 大类，记述的工艺近 600 种，其对各类工艺描述的详细程度和概括的准确性远胜于典籍记载。此外，《全集》作者们的调查研究工作，更多关注作为传承人的工匠和艺人。因此，它不仅在很大程度上弥补了《考工记》和《天工开物》的不足，而且成为我国当代传统工艺学科建设的一项基础性工作。近些年来，出现大量传统工艺调研报告和研究论文。许多学位论文以传统工艺研究为内容。《全集》成为相关研究的工作基础和重要参考文献，对推动传统工艺学科建设和科学技术史、工艺美术、科技考古、民俗学、人类学等学科的发展发挥了重要作用。

2 《中国传统工艺全集》体现了文化自觉的理念

发达国家在工业化与经济转型过程中，大都曾面临如何对待传统手工业衰落和技艺消亡的问题，是否保护和如何保护传统工艺成为学界和政府的难题。中国在改革开放后，很快也遇到了同样的问题。华觉明等专家注意到日本政府早在 20 世纪 50 年代初就制定了比较完善的文化遗产保护法律，认为日本的经验值得我国借鉴。1950 年，日本政府颁布《文化财保护法》，率先提出“无形文化财”的概念，将具有较高历史价值与艺术价值的传统戏剧、音乐、工艺技术称为“无形文化财”，和有形的文物一齐被列入文化遗产保护范围，从而形成大文化遗产的理念。[1]

20 世纪 80 年代中期，华觉明、祝大震和谭德睿就开始联合国内学者开展了调查研究工作。1987 年，由华觉明牵头申请到国家科学委员会关于传统工艺的软科学课题，制定了《祖国传统工艺保护开发实施方案》（简称《方案》）。《方案》及调查报告附件于 1988 年油印，1989 年修订后又重印（图 1），其目录简略为：“一、传统工艺，国之瑰宝；二、抢救传统工艺刻不容缓；三、日本的经验值得借鉴；四、我们应有的对策；五、传统工艺保护开发工作要点；六、为此须采取的基本措施；七、分阶段实现我们的目标；八、本方案实施的可行性”。

《方案》论证了传统工艺的重要性，说明了抢救保护工作的紧迫性，阐述了日本的经验及其借鉴价值，同时提出传统工艺保护开发的实施步骤和措施，论证了方案实施的可行性。值得注意的是，《方案》在介绍日本的传统工艺保护经验时，对“无形文化财”的概念和“重要无形文化财”传承人认定制度做了介绍。2003 年，联合国教科文组织通过的《保护非物质文化遗产公约》采用的

“the Intangible Cultural Heritage”概念正是源自日本的“无形文化财”，中文文本中翻译为“非物质文化遗产”。

《方案》在论述传统工艺抢救保护工作的重要性和紧迫性后指出：“对于传统工艺的保护，从整体上说，绝不是为了维护传统的生产方式，而是为了保护这份珍贵的历史文化遗产。任何民族都有自己的文化和科学技术遗产。珍重民族文化及其科学遗产，就是珍重自己的历史，也是衡量一个民族有无文化素养、有无自尊、有无自立于民族之林的重要标志。这就是为什么世界上一切伟大民族、一切对本民族的前途有强烈使命感的有识之士，都非常重视包括传统工艺在内的民族文化的缘故。近年来，联合国教科文组织也多次吁请世界各国保护历史文化遗产。处于技术更新浪潮中的中国，如何保护传统工艺并用之于现代化建设，这个责任历史地落到我们这一代炎黄子孙的肩上了。”很显然，《方案》体现了文化自觉的理念与思想。

00022

《祖國傳統工藝保護開發實施方案》

1989年　北京

钱就掌握了我们的传统工艺。诸如此类的事例，不胜枚举。为此，在北京、上海召开的座谈会上，与会的专家学者都强烈的呼吁，必须把抢救传统工艺提到议事日程上来，必须以刻不容缓的紧迫感把这件事抓起来、抓好。中国博物馆学会名誉理事长王振铎先生说：“传统工艺调查研究和保护，十分重要并且有紧迫性，再不抓紧进行，便会造成难以弥补的损失，无以对后人。”政协委员王世襄先生指出：“抢救和开发濒于失传的传统工艺，非常重要，希望有关部门引起重视，绝不能因循延误。”我们还走访了一些著名的科学界、文化界人士。费孝通先生在谈话中强调指出：“传统工艺保护立法很重要，这是一件关系到民族文化的大事。”科学院学部委员钱临照、袁翰青两位先生也认为这一工作关系到保存、继承、发扬民族文化这个大问题，也关系到当前的物质文明和精神文明建设，愿予全力支持。胡道静先生等建议国家科委和国家文物局要解决此项工作的归属问题切实作出安排，如任其自生自灭，其损失是无法估计的。

传统工艺是历史的产物，按照事物发展的规律，某些工艺的逐步衰微也符合逻辑，对于传统工艺的保护，从整体上说，决不是为了维护传统的生产方式，而是为了保护这份珍贵的历史文化遗产。

任何民族都有自己的文化和科学技术遗产。珍重民族文化及其科学遗产，就是珍重自己的历史，也是衡量一个民族有无文化素养、有无自尊感、有无自立于世界民族之林的重要标志。这就是为什么世界上一切伟大民族、一切对本民族的前途有强烈使命感的有识之士，都非常重视保护包括传统工艺在内的民族文化的缘故，近年来，联合国教科文组织也多次吁请世界各国保护历史文化遗产。处于技术更新浪潮中的中国，如何保存传统工艺并用之于现代化建设，这个责任已历史地落到我们这一代炎黄子孙的肩上了。

三、日本的经验值得借鉴

日本的传统工艺多源自中国，而他们在重视传统工艺保护及所采取的一系列措施方面，在全世界来说，也是处于先进行列的。因此，虽然早在30年代，德国人汉默尔曾搜集中国各种手工艺的工具装备照片，写成《China at Work》一书，并被认作是汉学研究的经典性著作。但，如今许多外国人只知道日本的传统工艺，而不知道中国的传统工艺。

6

图 1 《祖国传统工艺保护开发实施方案》修订稿书影

《方案》提出的理念和措施，今天看来完全正确和可行，可惜受当时情势所限，未能付诸实施。由于学者们形成了明确的文化自觉理念，能够坚持不懈，努力开展传统工艺调查研究，其影响还不断扩大。1995年，华觉明和谭德睿、祝大震联合全国有志于从事传统工艺研究、保护的专家学者成立了中国传统工艺研究会，并着手编撰《中国传统工艺全集》。而文化自觉也自然成为《中国传统工艺全集》一书的编撰理念。

笔者有幸在20世纪80年代中期攻读科技史硕士研究生，并参与了传统机械工艺的调查研究工作。因在大学本科时所学专业为机械工程，毕业后又在第一汽车制造厂从事过技术工作，读研时对传统工艺产生了浓厚的兴趣。20世纪90年代初，笔者和张柏春、张治中、钱小康等合作，在不同地区开展了传统机械调查研究。《全集》立项后，应华觉明邀请，参加了《传统机械调查研究》卷的编撰工作。在这过程中，笔者逐渐理解和认同了文化自觉的理念并付诸实践。

《传统机械调查研究》的有关调研工作先后得到国家自然科学基金和中国科学院“中国传统技术综合研究”项目的支持。我们有选择地调查了不同地区的若干传统机械，了解它们的材料、结构设计、制造工艺和使用、维修等技术细节，将实物的考查与走访工匠、手艺人结合起来，以求在认知或发现传统机械及其制作工艺方面有所突破。多数情况下，我们倾向于选择比较典型、技术特点突出、反映传统工艺水平、结构相对复杂的机械，并优先安排调查濒于绝迹的制作工艺。通过各级政府农机、机械、文博部门及研究机构，了解传统机械的分布、制作和使用情况，选择调查对象和寻访民间匠人。例如，1993年，从机械工业部和连云港连云区科委得知传统风车在江苏省赣榆县的使用情况，到海边的盐场做了现场调查。那里的工程管理人员又提供了浙江省开化县留存的传统机械线索，促成了水碓、油榨等机械及其工艺获得调查成果。

为了全面了解和记录技术细节，需拍摄传统机械的整体和各重要结构的照片，测绘机械的装配图和零部件图，记录工匠和使用者的设计与制作思路、方法、选材要求、技艺窍门。拍摄、记录机械的制作过程，为复制这些机械提供了较为完整的工艺技术信息，是对传统工艺的一种抢救。采访工匠或技艺传承人非常有价值。我们先后在江苏省、浙江省、云南省、山东省、内蒙古自治区、陕西省、甘肃省、宁夏回族自治区、河北省、北京市、广西壮族自治区等地进行过此类采访。有时由于方言限制，出现交流的困难，有时要找会说普通话的当地人士帮忙。

实地调查所得到的丰富资料须经过系统的整理，进而与古文献和考古资料相互印证、补充，追本溯源，探讨工艺技术的演进和传播。需要查阅的资料包括地方志、正史、野史、笔记、考古报告等。我们在浙江省开化县调查的两种水碓与元朝王祯《农书》所记述的“撩车碓”和“鼓碓”相符，油榨则与明朝宋应星《天工开物》的记载一致。[2]《开化县志》对水碓的记载，也有助于对其历史加以印证。

在调查和分析过程中，还须辨识传统工艺技术中是否掺入了现代技术。20世纪中期以来，政府部门鼓励改良传统机械。随着现代化浪潮的冲击，现代技术向各地传播，也影响到偏僻的边远地区。传统机械的整体设计基本上遵循古制，但或多或少受到了现代技术的影响，有的零件改用现代的材料制作，有的零件属于现代技术产品。例如，江苏省赣榆县风车的木卧轴被钢管轴取代，龙骨水车的木质刮水板改为橡胶板。

传统机械种类繁多，但调查研究工作薄弱。由于时间和条件限制，我们仅就若干种传统机械及其制作工艺进行了调查，所得到的收获却超出了期望值。几乎每次田野调查，我们都会有惊喜的新发现，结束一项调查时往往又发现了新的调查对象或线索，因此深感工作没有止境。

中国地域辽阔，不同地区的工艺技术有很多一致性和相似性，但也存在不少差异。这一现象与文化背景直接关联，一些少数民族没有自己的文字，文献资料不多甚至很少，因此田野调查显得尤为重要。我们主张开展“不同文化背景中的技术与工艺传统”的调查研究，并在调查研究中国的传统机械的基础上，分析工艺技术与其文化背景之间的互动，但这方面的工作做得还较少。《传统机械调查研究》还只是阶段性的研究成果。[3]

费孝通对文化自觉概念曾做过精辟概括：“文化自觉只是指生活在一定文化中的人对其文化有‘自知之明’，明白它的来历、形成过程、所具的特色和它发展的趋向，不带任何‘文化回归’的意思，不是要‘复旧’，同时也不主张‘全盘西化’或‘全盘他化’。自知之明是为了加强对文化转型的自主能力，取得决定适应新环境、新时代时文化选择的自主地位。”[4]传统工艺作为非物质文化遗产，在中华民族的精神文明和物质文明的产生、发展过程中扮演着重要角色。我们首先需要认识传统工艺，清楚其自身特点和演变过程。文化自觉是一个艰巨的过程，一方面要认识我们的传统和历史，增强民族文化的认同感；另一方面要更新我们的文化传统，使传统工艺能够适应现代生活，并得到自主发展。因此，从文化自觉的高度看，仅仅进行保护工作是不够的，应当重视传统工艺的振兴与发展。只有通过在生产实践中创新发展，传统工艺延续、弘扬才能真正实现。

3 结 语

相当长的时期内，我国以经济建设为中心，考核体系较为单一。地方政府常将经济利益放在首位，文化的建设滞后，对传统文化的作用和意义认识不足。2017 年 2 月，中共中央办公厅、国务院办公厅印发了《关于实施中华优秀传统文化传承发展工程的意见》，使优秀传统文化复兴上升为国家战略，并提出了七大任务，其中的第三项是“保护传承文化遗产”，包括“实施传统工艺振兴计划”。2017 年 3 月，国务院办公厅转发文化部、工业和信息化部、财政部《中国传统工艺振兴计划》，实施振兴计划成为国家层面的重大决策。

这一振兴计划的主要任务有一项是“加强传统工艺相关学科专业建设和理论、技术研究”。《全集》在实施这一振兴计划的进程中仍可发挥其独特的作用。考虑到《全集》还不够完备，而且第一辑编撰时间较早，非遗普查、调查研究和保护传承的一些重要进展和学术成果没有充分被吸收。因此，有必要启动《全集》修订和续编项目，使其在知识性、科学性和系统性方面更趋完善，在传统工艺学科建设及研究方面发挥更重要的作用。

参考文献

[1] 苑利. 日本文化遗产保护运动的历史和今天［J］. 西北民族研究，2004（2）：132–138.
[2] 张柏春，冯立昇. “南方油榨”的初步考察［J］. 古今农业，1994（4）：23–27.
[3] 张柏春，张治中，冯立昇，等. 中国传统工艺全集・传统机械调查研究［M］. 郑州：大象出版社，2006.
[4] 费孝通. 反思・对话・文化自觉［J］. 北京大学学报（哲学社会科学版），1997（3）：15–22.

Investigation and Research on Traditional Crafts Based on the Consciousness of Culture: Understanding and Recognition of the Compilation Ideals of *Complete Collection of Traditional Chinese Crafts and Arts*

FENG Lisheng

(Institute for History of Science and Technology & Ancient Texts, Tsinghua University, Beijing 100084, China)

Abstract: *Complete Collection of Traditional Chinese Crafts and Arts* is a set of comprehensive works and an important achievement in the fields of Chinese traditional crafts and the history of technology, which covers the main categories of Chinese traditional crafts. It was compiled by more than 340 scholars all over the country, and organized by the Chinese Academy of Sciences. Combined with the compilation experience of *Complete Collection of Traditional Chinese Crafts and Arts* and the practice of protecting the intangible cultural heritage of traditional crafts, the author of this paper expounded the compilation ideas of this set of works, elaborated on the significance and important value of these works in the protection and inheritance of Chinese traditional crafts, the construction of disciplines, and even the enhancement of cultural consciousness.

Keywords: Chinese traditional crafts; discipline construction; consciousness of culture

汉唐以来若干金属器物成型与装饰工艺待解之谜概览

谭德睿

（上海博物馆，上海，200030）

摘要：中国汉唐至明清时期金属铸造与装饰工艺具有丰富的文化与科技内涵，但学术热度与深度却不及先秦彝器。文章选取若干中国青铜时代以降的大型与复杂铜铁器件成型和表面装饰技艺为例，展现中国古代金属技术的辉煌成就和金属成型与装饰工艺待解之谜，供学界同人共享。

关键词：中国古代；金属器件；成型；装饰工艺

0 引 言

笔者1961年毕业于上海交通大学铸造专业，先在研究所和工厂从事现代砂型铸造、熔模（失蜡）铸造、陶瓷型铸造的研究和技术工作凡20年，积累了一定的铸造工艺学实践经验，后又在参与西汉“透光”铜镜的研究与复制试验之际，发现中国古代铜铁器物对古代社会生产力和文化、艺术、生活影响之巨大，器物设计构思之奇妙，制作技艺之高超绝伦，造型与色泽之美，纹饰之纤细峻深，附饰之盘根错节，器物之壁薄如纸，装饰技艺之丰富多彩。笔者对中国古代青铜技术产生了浓厚兴趣，毅然于45岁时放弃了主持上海市经委某重点攻关项目和升职的机会，进入上海博物馆后专业从事中国古代青铜器成形与装饰、铸造史和艺术铸造等专业研究，至今已逾40年，现虽耄耋，仍乐此不疲。

作者简介：谭德睿，上海人，上海博物馆研究员、复旦大学文博学院兼职教授。研究方向为中国古代青铜技术、铸造史和艺术铸造研究。

古代金属工艺技术是非物质文化遗产研究的重要课题。自20世纪六七十年代以来，北京钢铁学院（北京科技大学前身）、中国科学院自然科学史研究所、上海博物馆、北京大学等机构相继对中国古代金属技术和传统金属工艺进行了持续探索。上海博物馆遵循调查传统工艺—研究文献—科学系统检测分析标本—模拟古方古法复原试验的科技考古研究路线[1]，解开了古陶范配方与制作技艺、古铜镜表面处理技术及吴越青铜剑制作技术等一系列学术谜团[2]，开拓出艺术铸造学科。但在调研工作取得一些成果的同时，发现很多传统金属工艺已经或濒于消亡，亟待抢救、挖掘、整理，不少在金属工艺发展演变历程中的关键器物，尚待深入研究和深化认识。

现据记忆所及，就中国青铜时代以降部分有代表性的铜铁器物，针对铸造与装饰工艺的待解之谜，略做梳理，并求方家正之。所谓代表性，指其成型、用材、装饰或表面处理等技术方面能够反映时代特征者。

1　大型、复杂铜铁铸件的成型技术

大型、复杂铜铁铸件能够集中展现特定时期的财力、物力，反映铸造技术水平，具有丰富的技术内涵。

现存大型铁铸件可以追溯至唐宋时期，如铸作于唐代的山西蒲津渡铁牛、五代后周时期的河北沧州铁狮子、北宋时期的湖北当阳玉泉寺铁塔等。元明以降，涌现了永乐大钟、武当山金殿等为代表的一批大型铜铸件。

1.1　蒲津渡唐代黄河铁牛与沧州五代铁狮子

20世纪80年代末，山西永济发现了蒲津渡遗址。唐开元间在此建黄河浮桥时，于两岸“各造铁牛四及前后铁柱三十六，铁人亦四”，铁牛、驭牛铁人及铁柱等于今尚存。铁牛为实心，每尊重可达70余吨（图1）；各大型铁铸件总重超过300 t[3]。铁牛出土后，北京科技大学等单位进行了金相分析和保护研究，发现材质为灰口铁和白口铁；铁牛等大型铸件的铸造方式及重量也得以揭示[4]。

铁牛代表了唐代大型铸铁件铸造工艺水平。其铸造工艺与生产组织等有待详加研究，以科学阐释唐代开元年间大型铸铁件生产制作的各个环节。例如：这批置于黄河水雾之中且部分埋入土中的铸铁件，采用了什么防锈措施？如此巨大的铁牛，是否就地制范烘范、是否一次还是多次浇铸成型？每头铁牛需用铁水量达数十吨，必须就地设为数众多的熔铁炉依次不间断出铁水浇铸，其技术和组织管理采取了哪些措施？若不是就地铸成，那么是如何运输安装的？

沧州铁狮子位于河北沧县旧州，铸造于后周广顺三年。铁狮重达 40 t，材质经分析为灰口铁，与其他中国古代大型铁铸件类似（图 2）。自五代以来，铁狮子已历千载，饱经风霜，20 世纪 50 年代曾建亭保护但文物腐蚀反而更趋严重，其后不得不将亭拆除。

据研究铁狮子腹内光滑，外范是以长宽三四十厘米不等的 600 多块范块，逐层垒起，分层拼铸而成。自五代以来，铁狮子历经千余载风霜，加之多次保护失败而锈蚀日趋严重。加紧对残存铁狮子铸造技术与材质损坏原因与保护的研究，实为当务之急。

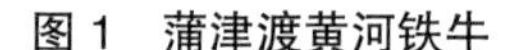

图 1　蒲津渡黄河铁牛

图 2　沧州铁狮子

1.2　永乐大钟与大威德金刚鎏金铜坛城

永乐大钟现存北京大钟寺古钟博物馆。钟体外范由 7 层陶范叠成，整体一次铸成，钟钮分铸。大钟表面满铸有 23 万余个佛经经文，笔力遒劲，笔画清晰，工艺精湛。钟体材质为含少量铅的锡青铜，能够呈现良好的声学性能，发声深沉洪亮，悠扬数十里。永乐大钟的设计与铸造，是明初国力的体现，也是中国金属工艺史的辉煌篇章（图 3、图 4）。

有关这口大钟的设计和铸造技术已有研究成果发表，然而对于这项重大的皇家工程，其钟形设计、各部位用材、范料配方及其处理技艺、刻范技艺、钟钮承重设计、钟钮与钟体的连接、钟亭与大钟之间的施工过程等尚有待深入研

图 3　永乐大钟

图 4　永乐大钟铭文

究，以充分展示明初的科技水平。

坛城是佛和菩萨聚集的场所。底座上有“大明永乐年施”款，是永乐年间由宫廷专门机构“佛作”制作，赏赐给藏区的御制品（图 5、图 6），尽显明代早期宫廷艺术造像的精致华丽。

图 5　大威德金刚鎏金铜坛城与华盖

图 6　大威德金刚像

此坛城通高仅 82 cm，却设计成可开合的莲花，八瓣莲花内壁和外壁分别铸有高浮雕和浅浮雕造像。金刚正面为牛首，34 只手各持法器，16 条腿分别踏 16 大威德金刚即隐入其中。全器由一系列失蜡铸件经精细打磨后再鎏金组装而成，构思巧妙，技艺精湛绝伦，是中国古代艺术铸造史中代表性精品。其工艺技术有待仔细研究与传承。

1.3 武当山金殿与显通寺铜塔

太和宫金殿位于湖北省武当山天柱峰顶，建成于明永乐十四年。武当山金殿重檐庑殿顶，面阔三间、进深七檩，为仿木结构，设斗拱梁椽，以榫卯拼接，装配极精（图 7）。张剑葳曾用便携能谱对金殿构件进行了检测，确证为黄铜材质，表面经过鎏金处理[5]。

殿内设一组玄帝铜像群，真武居中，左右有灵官、玉女、太乙、天罡像，案下设龟蛇玄武，形态生动威严（图 8）。造像以失蜡铸造整体成形，属大型失蜡铸造塑像。帝君前的案、座椅、供具和案下的玄武等均为失蜡铸造成型。

图 7 武当山太和宫金殿

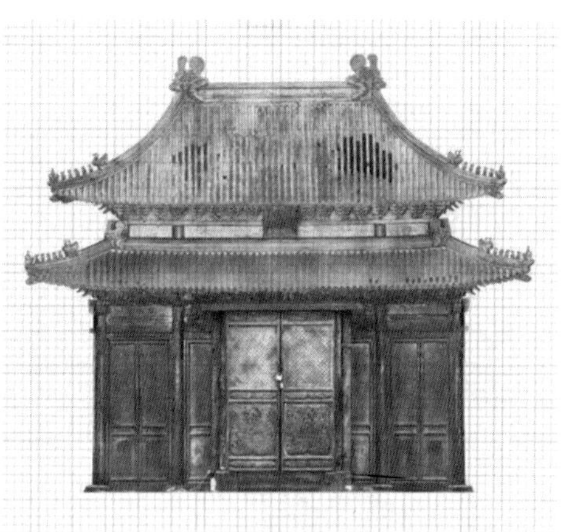

图 8 武当山金殿正视[6]

铜像群鎏金层脱落部分显现出铜铸件呈茶亮色，且有不规则的金黄色亮斑分布于表面，十分美观，与宣德炉的“洒金”效果相似。金黄色亮斑成分和形成工艺颇具研究价值。

据金殿内道士相告，这座建在海拔 1662 m 天柱峰顶的金殿，殿外即使狂风怒号，殿内烛火也不摇曳，可见设计、铸造与装配技艺之高超精湛。

武当山金殿是中国古代金属建筑的巅峰之作，在技术与美学上都取得了高超成就。这一我国铸造水平最高的大型铜铸建筑，连同供奉在金殿内的道教造像，集中反映出明代早期艺术铸造的高度成就，在建筑史、科技史、艺术铸造史等领域都具有很高价值。其工艺技术有待深入系统研究并传承。

五台山显通寺以明代万历年间铸造的铜殿与铜塔著称。寺内东西铜塔分峙，均 13 层 8 面，西塔通高 6.895 m，东塔通高 7.740 m，分层铸造叠置。塔身密布高浮雕佛像、经文。塔座四角各设一高浮雕力士。五台山显通寺铜塔场面宏大，内容细节极其复杂，形象极为丰富（图 9、图 10、图 11）。贴金层是近年新贴。

图 9　五台山显通寺铜塔

图 10　显通寺铜塔座部

图 11　显通寺铜塔浮雕纹饰

铜塔浮雕造型比例适度，菩萨、罗汉神态各异，生动自然，布局疏朗有致，玲珑剔透，精致秀美，造型与铸工俱佳。张剑葳、乔云飞曾分别对显通寺铜殿及铜塔进行过检测，构件材质均为黄铜。这些制品属明代大型失蜡艺术铸造精品，其文化艺术和逐层铸造技艺极具研究与传承价值。

1.4 明代天文简仪

现存于江苏省南京市紫金山天文台的明代天文仪器为简仪和浑仪，由明代正统年间钦天监监正皇甫正和仿元代郭守敬原设计制作，造型华丽宏伟，是我国现存最大的古代金属天文仪器。

图 12 明代简仪

图 13 简仪中的北极云架结构

简仪由基座、支架、赤道经纬仪和地平经纬仪组成（图 12）。经检测简仪的合金材质为铅锡青铜。全套仪器由 34 个构件组合而成。其中南北极云架及龙柱等复杂构件以失蜡法铸造。北极云架由一件直径约 125 mm 的云纹环绕的圆柱体支架构成，高约 3.07 m，自重约 1.1 t，呈半圆“A”字形，半圆弧长约 6.73 m，竟由失蜡法整体铸成，实为罕见的高难度失蜡铸件（图 13）。

整器形体巨大宏伟，结构精密，又兼顾装饰效果，其中不少构件经加工并可转动，堪称高难度的大型动态艺术铸件，集中体现出中国古代金属工艺与天文科学成就，颇具研究价值。

2 表面装饰工艺

2.1 嵌错技术

通常称呼的错金银、金银错、错红铜等属嵌错工艺。目前，嵌错工艺的材料和工艺尚缺乏系统详细的科技考古研究，多无定论。

仅以下述战国透空镶嵌几何纹方镜为例，即可窥探到战国时期青铜器嵌错工艺待解之谜众多。

上海博物馆藏战国透空镶嵌几何纹方镜（图 14），长 18.5 cm，宽 18.5 cm，镜背主体纹饰为透空几何纹带。纹饰带上有宽度不足 1 mm 的疑似错红铜的几何形细线条。细线条内又嵌有极精准的绿松石。近隅处各有一突起的黑地金色冏纹乳钉。镜背的镜缘四周分布 12 只圆形绿松石乳钉，面向镜面的镜框四周亦分布 12 只黑地金色冏纹乳钉，乳钉间饰拟似错红铜的龙纹，并镶嵌纤细精准的绿松石。镜面的后背还饰有银灰与黑色亮斑。

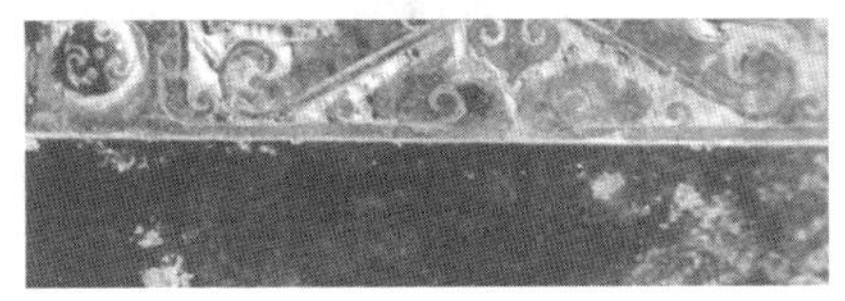

图 14　上海博物馆藏战国透空镶嵌几何纹方镜及纹饰细节

镜背装饰尽显战国时期青铜装饰技艺的精彩绝伦，然而诸多装饰技艺之谜待解：硬脆的高锡青铜镜体上纤细流畅的凹槽是铸成还是凿成？嵌入其中的疑似红铜如何与之结合不致脱落？是镶嵌还是铸镶？绿松石如何加工得如此精准纤细？黏结剂为何物？黑地金色冏纹乳钉的黑色为何物？金色冏纹又是何物、如何形成的？镜面后背的亮斑为何物？如何形成？

在一面古铜镜上就有诸多材料和工艺技术之谜待解，可见科技考古与非物质文化遗产研究课题之宽广与有趣。

2.2　鎏镀技术

铜器表面富锡处理包括热浸渗、膏剂涂层富锡、冷擦渗富锡和液态富锡等多种技术，目前已有较多研究（图 15—图 17）[7]。这是中国金属装饰与保护技术史中鲜为人知的、了不起的成就。

热浸渗、膏剂涂层富锡和冷擦渗富锡已挖掘出来并按古方古法复原成功，并已见诸刊物[8—12]。上述诸例富锡技术均使锡向铜镜基体渗入而形成富锡相。各类技术对应的富锡层宏观形貌是否有别，厚度是否具有系统性差异，如何从成分和显微组织加以印证，出现的地域、年代如何，彼此间是否有技术发展的脉络和传播的证据，这些问题都值得深入探讨。

此外，上海博物馆藏有一件明代“五子登科”铜镜（图 18）。镜背饰百宝纹图案和五子登科四字，似用毛笔沾某种液体涂料信笔涂绘形成，历经 400 多年仍白亮如银。文物界和收藏界迄今称之为“错银”或“描银”，笔者对此一直存疑。经笔者对另一面明代“五子登科”镜作 X 光光谱分析发现，铜镜镜体主成分含 Cu、Zn、Pb，属黄铜，为明代铜镜常用合金，表面上的白色书画部分则含 Sn 超 30%，另含 0.5% 的 Hg，并已与镜体合金化，亦即液态涂料已渗入镜体，既非错银又非描银。由此可见，常被文物界或收藏家统称为“错银”的铜器表面的银白色装饰，究竟是错银还是富锡处理形成，实有待从宏观形貌特征和显微组织、成分分析等角度有效辨识区分方可作出定论。这种“液态富锡”表面富锡工艺所用涂料及处理工艺已失传，起讫时间也待考。

图 15　越王勾践剑的膏剂富锡菱形纹饰

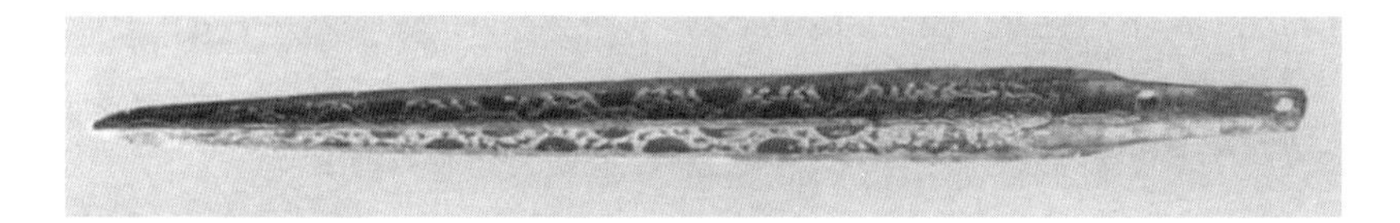

图 16　战国巴蜀铜兵器上的表面富锡装饰

图 17　云南江川李家山出土熊蛇纹镀锡牌饰

图 18　明代五子登科镜

使铜器表面白亮、极具装饰性且永不变色的液态富锡传统工艺，近年已由笔者挖掘出其涂料配方及制作工艺（只略加改进——加入其他天然无毒活性材料取代汞，其他成分不变），经与艺术铸造企业合作，已在当代铜艺术品上成功应用（图 19、图 20）。

挖掘、研究并再现失传的非物质文化，当属科技考古者的职责与兴趣之所在。

图 19　文创产品铜茶叶罐，外表面以液态富锡工艺复制弘一法师书法，白亮似银却永不变色

图 20　以液态富锡工艺仿制成的战国“错银”纹饰铜板，白亮似银却永不变色

2.3　珐琅器制作工艺

铜胎掐丝珐琅因其在明朝景泰年间盛行，又称“景泰蓝”。乾隆时期宫中造办处在珐琅器的制作技艺上大有提升，器面异彩纷呈。佳作如乾隆年制的掐丝珐琅冰箱（图 21）。

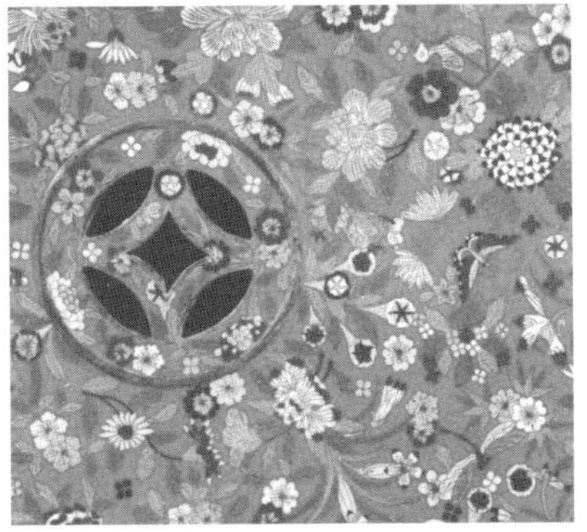

图 21　乾隆年制掐丝珐琅冰箱及纹饰细节

画珐琅是在掐丝珐琅基础上演进的工艺品种。涂饰珐琅后再在其上绘画，因而表现主题更为丰富。台北故宫博物院藏乾隆年制画珐琅荷叶式盒（图 22），两片荷叶对合成盒，盖面荷叶上饰浅浮雕且微凸的荷花、花蕾、莲蓬和彩蝶，叶脉和花瓣纹理隐约可见，工艺绝伦，属画珐琅中极品。

这些珐琅器的美学价值与制作技艺极具研究与传承价值，然而尚缺少相关研究见诸文字。相关珐琅技术的源流，以及与西洋的技术与美术交流，传入中国之后的演变与进步等也值得仔细探讨。

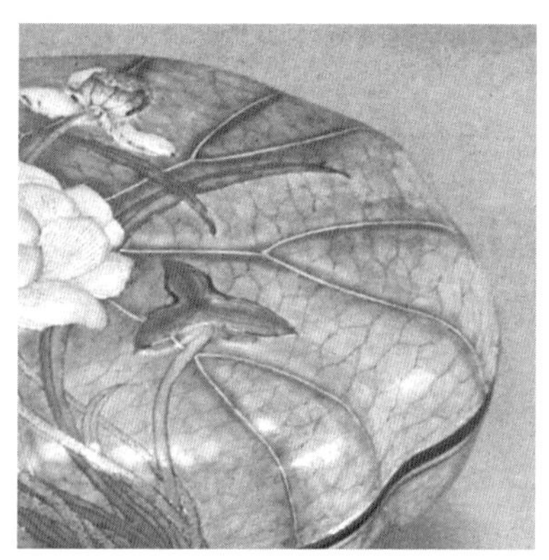

图 22 乾隆年制画珐琅荷叶式盒

2.4 金属表面的彩绘工艺

在镶嵌以外，青铜器也可直接以颜料绘饰形成丰富色彩效果。战国时期，临淄等地区就常见朱绘铜镜，虽历 2000 余年，外观仍极为鲜明夺目[13]。秦始皇帝陵彩绘铜车马及水禽展现一代工艺新风。汉代彩绘、漆绘青铜器进一步增多，如西安红庙坡汉墓所出彩绘人物车马连弧纹镜即是代表（图 23）。广西罗泊湾汉墓中出土漆绘铜壶、铜盘，云纹流畅，亦是难得的工艺品。

又如西汉“描白”镜（图 24），主体纹饰为浅浮雕状 L、T 形图案，属西汉中晚期常见的规矩镜。镜背周边满布银白底色，其上又绘有云纹等十分纤细流畅的白色线条（图 25）。运用 X 射线荧光仪对白色部位表面作无损分析，白色无线条部位，SnO_2 含量 45.3%，CuO 含量 52.1%；有线条部位 SnO_2 含量 42.6%，CuO 含量 54.5%。从表面剥落状态观察，白色装饰似涂绘而非表面合金化形成。这种千余年保持白色的含锡和铜的富锡涂层，其配方和涂绘描白工艺有待进一步研究保存。

彩绘铜铁器因颜料不易保存，以往关注不够。相信随着考古发现的增多和保护技术的提高，此类器物将能更全面地展现金属装饰工艺。

图 23 西安红庙坡出土彩绘人物车马镜

2.5 宣德炉的表面着色

对明清两代以至日本的铸铜工艺品产生了深远影响的宣德炉，其艺术特点之一是表面着色种类极多。《宣炉彙释》记载有鎏金、仿宋烧斑、朱砂斑、黑漆古斑、铄金、金银雨点、蜡茶等 60 多种效果，淋漓尽致地表现出铜材的色泽美。“宣炉最妙在色。假色外炫，真色内融，从黯淡中发奇光。正如好女儿肌肤，柔腻可掐”。其表面装饰技艺极具科技考古价值。

以台北故宫博物院所藏敕制宣德炉为例，底款“大明宣德年制”，原属清宫养心殿御用，通体鎏金并杂以黑色和朱红，色彩斑斓自然，当属宣德炉中极品（图 26）。

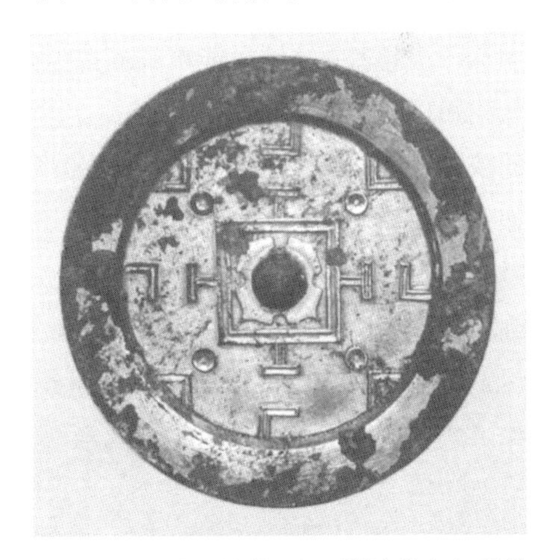

图 24 上海博物馆藏西汉“描白”规矩纹镜

图 25 “描白”镜背纹饰细节

图 26 台北故宫博物院藏宣德炉

遗憾的是，迄今为止我国铜艺术品表面着色，尚未完全恢复到宣德炉的色种。宣德炉的表面着色工艺是一项极有现实需求并有待挖掘与传承的科技考古项目。

2.6　铁镜材质和工艺的待解之谜

东汉末年至隋唐时期是铁镜的繁荣时期一说，已有史料和出土铁镜证实。在铜镜已广为使用且技术相当成熟的汉唐之间，为何出现铁镜业的繁荣时期，且拥有者等级相当高（例如在曹操献给汉献帝的礼物中，就曾出现过铁镜）？多数学者认为，东汉末年战乱频发，洛阳制作铜镜的尚方工官和北方众多铸造铜镜的作坊被损毁，而铜矿的产区主要集中在南方长江流域一带，导致中国北方兴起以铁镜替代铜镜的局面[14]。在出土铁镜的墓葬中，部分墓主身份等级相当高，一些铁镜的制作水平很高[15]，还应用了错金等装饰技法（图 27、图 28），也表明铁镜不能单纯理解为铜镜的劣质替代品。

相比较于铜镜而言，铁镜有诸多材质和工艺上疑点有待揭示，例如：铁镜的映照性能与镜面经过富锡处理的汉唐铜镜光可鉴人比较，孰优孰劣？古铁镜如何防锈蚀？ 铁镜金相组织是否为白口？若令铁镜金相组织为白口以改善其防锈和映照性能（这也有待科学验证），但是白口铸铁硬而脆，镜背沟槽如何錾刻？铁镜的错金银沟槽是否为铸槽？纤细的错金银是否有可能为铸镶而成？

有必要对铁镜的成分、显微组织、映照性能、机械性能、耐腐蚀性能和制作工艺细节进行更多检测，以揭示铁镜诸多科技之谜。

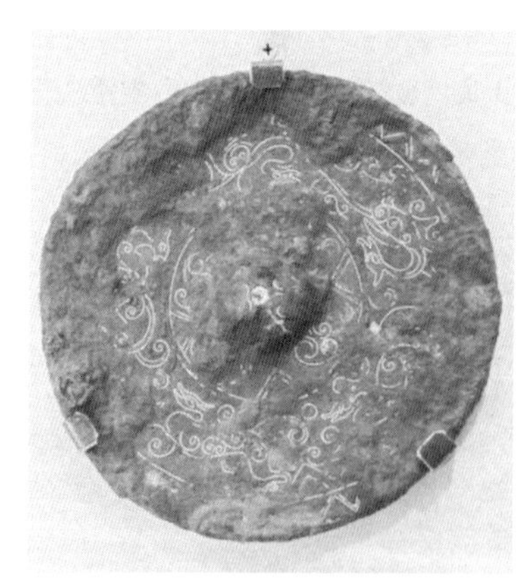

图 27　中国国家博物馆藏东汉错金银五兽纹铁镜

图 28　镜背金银丝嵌错纹饰

2.7 唐代特种工艺镜

唐高宗至唐德宗150多年间，唐镜镜背铸造纹饰精美，装饰之丽，装饰技艺丰富精湛，是特种工艺镜的繁荣期，构成了中国铜镜工艺史和金属工艺史灿烂辉煌的篇章。唐镜讲究色彩的绚丽，表面富锡、金背、银背、银背鎏金、金花银片、鎏金、错金银、着彩（以漆涂画于镜背）、嵌螺钿、宝装、金筐宝钿、金银平脱等特种工艺灿若繁星。这恐与盛唐时期皇室贵族奢侈成风，以及蓬勃的艺术创造力导致艺术和技艺水平达到登峰造极程度有关。其中不少工艺已湮灭，例如嵌螺钿镜（图29、图30）、金银平脱镜（图31、图32）均有待发掘、研究、传承与开发。

图29 日本正仓院藏唐八弧螺钿莲花葵花镜

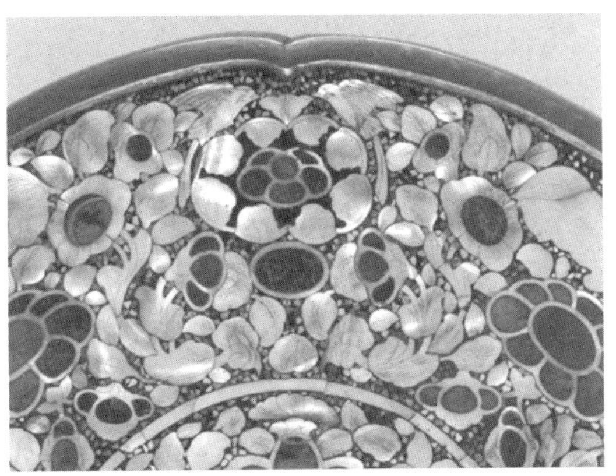

图30 正仓院螺钿镜纹饰细节

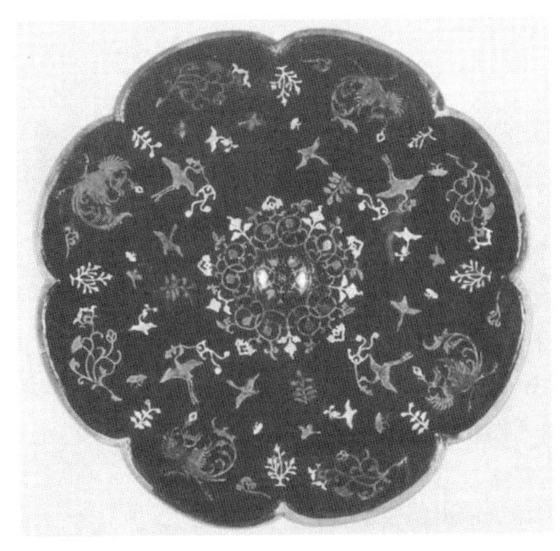

图31 日本正仓院藏唐金银平脱铜镜[16]

图32 正仓院金银平脱花鸟纹饰细节

3 总 结

近几十年来，经过国内外诸多同人的努力，已揭示出一批中国古代金属器物设计、制作与装饰工艺之谜；多项立意高远，方法可靠，遵循科技考古研究规范取得的研究成果，获得学术界高度评价，向世界充分展示了中国古代传统文化艺术与科技的魅力与成就。然而，为数不少的“谜”尚未解开。

笔者认为，在挖掘、整理、研究、弘扬中国古代金属器物成型与装饰技艺成就时，应遵循科技考古研究基本规范。全面掌握古今中外相关文献——深入田野调查（例如传统工艺调研）——科学、系统地检测文物标本——据以上3项所得，模拟古方古法复原试制——复原制品最终必须与文物标本内外一致，足以准确揭示这些文物真实的科技内涵，所得研究成果方可经得起学术界的认可和推敲。

汉唐以至明清的金属器虽然不如商周鼎彝探讨得多，但在金属技术发展历史上同样有着重要意义，同样值得钻研。记忆所限，本文仅试述数例，从历史时期部分铜铁质文物的成型与装饰技术研究举隅阐发。希望更多的青年学者能够关注中国古代金属传统工艺的发掘、研究与传承，梳理出古代辉煌灿烂的技术成就，并在当代加以弘扬光大。

致谢：本文经北京科技大学张吉博士整理补充，谨致谢意。

参考文献

[1] 谭德睿. 传统金属工艺研究［J］. 中国文化遗产，2004,（3）.
[2] 谭德睿，廉海萍，吴则嘉，等. 东周铜兵器菱形纹饰技术研究［J］. 考古学报，2000（1）.
[3] 白云翔. 隋唐时期铁器与铁器工业的考古学论述［J］. 考古与文物，2017（4）.
[4] 山西省考古研究所. 黄河蒲津渡遗址（下）［M］. 北京：科学出版社，2013.
[5] 张剑葳. 中国古代金属建筑研究［M］. 南京：东南大学出版社，2015.
[6] 赵波，吴嘉宝. 武当山金殿制造技术试析与相关分析技术探讨［J］. 建筑史学刊，2022（2）.
[7] 李晓岑，韩汝玢. 古滇国金属技术研究［M］. 北京：科学出版社，2011.
[8] 谭德睿. 中国古代表面局部富锡铜器初探［A］//《青铜文化研究》编辑部. 青铜文化研究（第9辑）. 合肥：黄山书社，2016.
[9] 孙淑云，李晓岑，姚智辉，等. 中国青铜器表面镀锡技术研究［J］. 文物保护与考古科学，2008，20（增刊）.

[10] 王全玉. 中国青铜器富锡纹饰研究——以大英博物馆藏品为例[A]// 山东大学《东方考古》编辑部. 东方考古(第19集). 北京：科学出版社，2022.
[11] 陈建立. 中国古代金属冶铸文明新探[M]. 北京：科学出版社，2014.
[12] 谭德睿，吴来明，舒文芬，等. 东汉“水银沁”铜镜表面处理技术研究[A]// 马承源. 上海博物馆文物保护科学论文集. 上海：上海科学技术文献出版社，1996.96-108.
[13] 董雪. 山东临淄出土战国彩绘铜镜[J]. 文物，2017(4).
[14] 全洪. 试论东汉魏晋南北朝时期的铁镜[J]. 考古，1994(12).
[15] 程永建. 洛阳出土铁镜初步研究[J]. 华夏考古，2011(4).
[16] 中国青铜器全集编辑委员会，编. 中国青铜器全集(16)铜镜[M]. 北京：文物出版社，1998.

An Overview of the Mystery of the Forming and Decorative Techniques of Several Metal Objects Since the Han and Tang Dynasties

TAN Derui

(Shanghai Museum, Shanghai 200030, China)

Abstract: The metal casting and decoration techniques from the Han, Tang to Ming and Qing dynasties in ancient China have rich cultural and technological connotations, while their academic popularity and depth are not as high as that of pre-*Qin* bronze artifacts. Three examples including the formation of large bronze and iron castings, metal surface decoration techniques, as well as mirror casting and processing are selected to solve the mystery of metal casting and decoration techniques, in order to demonstrate the continuous development and brilliant achievements of ancient Chinese metal technique for academic colleagues.

Keywords: ancient China; metal devices; forming; decoration technique

浅论传统工艺的传播创新
——基于对我国传统工艺传播实践与研究的反思

章梅芳　张馨予

（北京科技大学科技史与文化遗产研究院，北京，100083）

摘要：近年来，在国家大力振兴和社会广泛参与下，传统工艺保护和传承工作取得丰硕成果。比较而言，传统工艺的传播实践及相关研究仍存在不足，主要表现为忽视了对传播目的的追问，陷入“为了传播而传播”的功利主义困境。针对这一问题，文章从传统工艺的文化属性及价值角度出发，提出从扎根日常生活、深入历史情境、联结地方社会 3 个层面，对传统工艺作为本土文化资源、历史文化载体及文化传播媒介的价值进行重新挖掘，进而推动传统工艺传播的进一步发展。

关键词：传统工艺；文化价值；传播创新

0 引　言

中国传统工艺有着光辉灿烂的悠久历史，本真地体现了不同地域、不同时期所特有的生活环境、文化特征以及政治经济发展状况，是中国长期积淀的文化基因的体现，蕴含着深刻的造物理念与人文精神。因此，传统工艺在中国文化发展与建设中具有重要地位，对延续历史文脉、坚定文化自信、推动文明交流互鉴、建设社会主义文化强国具有重要意义。[1] 正因如此，在国家大力发展

基金项目：北京市哲学社科规划重点项目“北京传统手工技艺文化资源价值挖掘与传播创新研究”（项目编号：21LSA002）。

作者简介：章梅芳，北京科技大学科技史与文化遗产研究院教授，研究方向为传统工艺、科技与社会；张馨予，北京科技大学科技史与文化遗产研究院博士研究生，研究方向为中国近现代科技史、科技与社会。

文化建设的背景下，尤其是在传统工艺振兴计划的推动下，传统工艺的传承成为全社会广泛关注的重点议题。近年来，传统工艺的保护和传承取得了可观的成效。根据文化和旅游部的调查与预测，至2025年各民族优秀传统工艺将得到有效保护，传承发展模式将初步建立。[2]

相较于对传统工艺的田野调查与记录、数字化保存与展示、传承人培训等方面，学界对于传统工艺如何进行大众化的传播创新，讨论相对较少；社会公众对于传统工艺所蕴含的文化价值的理解也较为模糊。从传播学的学理层面来看，当前我国传统工艺的传播实践与传播理论探讨存在一定的不足。这主要表现为传统工艺传播实践及相关学术探讨，大多受传播学功能主义范式的主导。诚如有学者所言，研究者陷入对传播形式的纠结中，传统工艺的传播研究进入“内卷化”阶段。[3]研究者常常局限于一个小主题，在问题划分和技术上越来越精细，但却忽略了对传播目的的追问，造成大量应用性逻辑的相关研究出现，形成一种功能导向的传统工艺传播学研究框架。在这一框架下，人们首先思考的是“如何传播某工艺”，而不是“为什么要传播传统工艺”和“传播传统工艺的什么内容”。

一些聚焦于“乡村文化传播”议题的学者也开始呼吁中国的文化传播应结合本土语境，对功能主义和传播效果理论进行批判反思，放下“媒体拯救非遗”的应用性逻辑，关注传统工艺本身。[4]这一观点与笔者不谋而合。在此，本文将通过总结我国传统工艺传播实践及其相关研究现状，分析功能主义范式下传统工艺传播及其理论探讨存在的问题与困境，进而回到追问传播目的的层面，对传统工艺的价值进行重新挖掘。希望本文基于对传统工艺本身的关注，能为促进传统工艺的传播创新提供参考。

1 传统工艺传播实践的主要类型

通过对景泰蓝、花丝镶嵌、王麻子剪刀等多种传统工艺的传播现状进行实地考察及文献分析，我们发现当前国内的传统工艺传播实践形式多种多样，活动内容也非常丰富多彩，但总结起来主要可概括为以下3大类。

第一，通过固定展示场所或指定主题的临展与巡展进行展览。其中固定场所包括：①由政府或国家传承人主管的，以传统工艺为主体的公益性博物馆、民俗馆、历史古街或艺术馆等，如北京燕京八绝博物馆、河北廊坊花丝镶嵌艺术馆、北京传统工艺艺术品精制传承示范园区等；②由珠宝、服装品牌或各色潮牌与传承人联合打造的工作室，如北京珐琅厂办的景泰蓝博物馆、潮宏基创办的花丝镶嵌博物馆等。其中一些博物馆还建有官方网站，以数字化的形式展示传统工艺。

第二，通过大众媒体宣传推广。其中包括传统媒体，如报纸、杂志、电视、书籍出版等，以及近年来受到更广泛重视的新媒体，包括微信公众号、抖音，快手、好看等短视频平台，优酷、腾讯、爱奇艺、Bilibili 等移动端视频平台、微博、知乎、豆瓣、小红书等资讯或社交类平台等。从吸引流量数据的层面来看，公众号和短视频取得了相对较好的传播效果，吸引了一定规模的粉丝群体。移动端视频平台及资讯或社交平台则更多吸引了特定群体的关注，如手工爱好者、古风爱好者等。比较而言，新媒体对于传统工艺相关内容的扩散的确更快，但传统媒体的优势在于对传播内容的挖掘方面往往更具深度。

第三，通过具备权威性的政府或相关行业组织的引导举办赛事或进行交流活动。其中包括近年来颇受各方关注的非遗“进校园”“进社区”等活动，以及已经形成惯例的行业赛事，如“挑战大工匠”系列赛、“东方艺珍杯”花丝镶嵌主题网络邀请赛等。此外，还有一些服饰类的传统非遗如侗锦等，通过与现代设计师合作，积极参加米兰时装周等国际性的行业活动。应该说，这些活动对提升各项传统工艺在民间的知名度起到了一定的积极作用。

比较而言，政府主管的博物馆或行业组织的非遗“进校园”等活动，通过展示传统工艺精品或者教授中小学生非遗知识，大多会介绍传统工艺的历史脉络与经济文化价值等，而企业通过大众媒体开展的大部分传播实践大多出于“带货”的考虑，即以展示和介绍相关工艺产品为主要传播内容。行业赛事与创新设计活动，更多的是基于商业化考虑打造相应的工艺品牌。总体而言，上述传播实践对于传统工艺背后所内含的文化资源的挖掘还不够充分，而这一点尚未得到国内传播学界的充分关注。

2　传统工艺传播研究的主要问题

通过对国内学者之于传统工艺传播的研究文献，发现学界相对比较关注传统工艺传播形式与方法的拓宽和创新，侧重讨论传统工艺的商品化和市场化创新，不太重视将传统工艺价值的讨论与传播创新结合起来。

2.1 过多关注对传播形式与方法的拓宽和创新

目前，学界对传统工艺传播的研究十分关注传播形式、传播渠道的创新研究。其中，“媒体 +”的思维模式较为普遍，即对电视、网络综艺节目、移动通信等如何综合呈现和传播传统工艺进行分析。① 这类研究大多数采取的是功能主义范式，强调以国家、政府、指定传承人等为传播主体，以大众媒体形式的传播媒介对传统工艺进行赋能，向普通民众进行宣传的自上而下式的传播模式。

在此传播模式背后，存在一种简单的信念，即只要鞭策政府从政策、资金等层面全方位保护传统工艺，并借助大众媒体来呼吁民众关心传统工艺，传统工艺背后承载的文化就能在新的时代重新拥有活力。在这一思路的指导下，诸多学者纷纷提出利用各类大众媒体以及数字科技、人工智能等新技术来传播传统工艺，就如何提升传播效果提出具体建议。

但事实上，从传统工艺当前的实际传播状况来看，许多传统工艺在传播层面存在的问题并非是传播形式不够创新或手段不够多元。有相当一部分传统手工艺能够跟随时代潮流，采纳学界提出的各类传播方案，如利用 VR、3D、数字影像等新技术不断创新传播模式，或跟随大众媒体技术发展，拓展传播路径，搭建新媒体矩阵、利用融媒体进行全方位宣传等。然而，传播创新不只是传播方式和手段的简单创新，不是传播方式和手段有创新，传播的价值和效果一定就好。实际上，近年来传统工艺传播存在的问题也为学界所提及，如传播内容良莠不齐、互动范围局限，导致传播难以长效发展[5]；营销模式囿于保守、传统，内容与形式不匹配[6]；内容创作批量复制，难以满足大众需求[7]；传播伦理、效度、主客体关系等方面话语权适用不当等[8]。

这些问题在相关学术文献中常被讨论但却难以解决，使得传统工艺传播研究陷入所谓“内卷化”的困境。这恰恰说明当前传统工艺传播遭遇的困境，并非能够仅通过创新更多自上而下的传播形式，或拓宽更多的传播渠道与传播路径就能解决。

---

① 这类研究数量较多，近年来比较有代表性的文章见：余日季（2014）《基于 AR 技术的非物质文化遗产数字化开发研究》；杨阳（2016）《新媒体时代非物质文化遗产类纪录片的传播研究》；吕燕茹，张利（2016）《新媒体技术在非物质文化遗产数字化展示中的创新应用》；张杰（2017）《“互联网 +”时代传统手工艺的传播路径》；袁宙飞（2021）《融媒时代非物质文化遗产的创意衍生与传播——以年画为例》；肖梦涯（2021）《推荐算法 + 短视频：非遗营销组合创新》；何志武，马晓亮（2022）《融媒体时代的非物质文化遗产微纪录片传播》等。

2.2 过于强调传统工艺的商品化宣传

通过对王麻子剪刀、同仁堂西黄丸等传统工艺传播相关研究的分析能够看到，当前传播学界对濒危状态的传统工艺的关注重点，很多集中在如何通过媒介宣传为其创造品牌效应上。①从传承的角度来看，寻求经济性以刺激活力复苏固然是保护传统工艺的一条重要路径，但对市场化出路的过度强调，实则也是受到功能主义范式或者说发展传播学范式的主导，造成对“消费主义”的无意识认同。

王维佳认为，近代中国是通过告别传统的方式推进现代化进程的，因而许多传统文化被视作落后于现代文明的他者[9]。很多起源于乡土的传统技艺被知识精英斥之为“小农传统”或现代化的障碍而被忽视甚至批判。与此同时，在“发展才是硬道理”的宏观政策背景下，全社会集中力量发展现代化，致力于在文化上推广城市型消费及娱乐方式，在经济上通过传播技术、提供信息推动发展的“发展传播学”理念得到广泛认同，消费主义文化快速兴起。

应该说，消费文化通过拉动内需，在一定程度上推动了社会整体的物质文明发展，因而在提倡振兴传统文化的初始阶段，消费主义有助于推动传统工艺在现代生活中的应用，使一部分传统工艺在市场经济的自由选择中获得一定活力并得以存续。然而，随着时代发展，传统工艺因牺牲背后蕴含的深厚价值而形式化地去迎合大众消费，导致了工艺及其文化本身出现空洞化、符号化、停滞化的传播困境。目前，学界也有部分研究注意到这一问题，提出更多地发展传播主体能动性、推动传播者升级、接受者转型等多种解决对策[10]。这些对策能否从根本上解决传统工艺传播当前遭遇的瓶颈尚有待商榷，但割舍历史深度，将传统工艺从原生文化环境中抽离，必将导致其悬浮于商业化环境中，成为被观赏和猎奇的“他者的想象”，最终走向衰落。

2.3 传播策略研究与传统工艺价值研究割裂

与上面两种情况略有不同，还有相当一部分与传统工艺传播策略有关的研究，尤其是一些硕士与博士学位论文，大多会阐述传统工艺的价值。但是，这

---

① 较具代表性的文章如：张晓燕，湛玉婕，马娜，吴龙威（2021）《新媒体时代传统技艺品牌传播策略研究——以徐州汉画像石拓片工艺为例》；王明（2020）《融媒体环境下传统工艺品牌传播的创新路径》；李丹妮，符玉婷（2019）《中外老字号的发展现状与对策——以王麻子和双立人为例》；刘佳娣，杨君顺（2008）《中华老字号品牌发展困境的分析研究》等。

类文献对传统工艺价值的阐释与对其传播策略的探讨之间却处于割裂状态。它们通常采取部分篇幅专门探讨传统工艺或非遗的历史、文化、美学发展与内涵，而剩余章节则聚焦于讨论媒体传播传统工艺的现状及相应的对策思考。① 其中一些研究针对传播效果做了大量实证调查，但多局限于统计有关传统工艺传播案例吸引流量的数据，如粉丝、关注、点赞、转发、参与人数等。②

有学者将这类研究统一比喻为“两层皮”，即媒介在此仅被视为载体[11]。虽然也有研究将重点放在新媒体传播形式与传统工艺本身性质的冲突上，探讨新媒体娱乐化、碎片化属性给传统文化造成的损害，但也仅局限于讨论媒体如何为传统工艺赋能的传播学分析框架。这类研究往往在将媒介视为简单的宣传手段或载体的同时，把运用传统工艺“生产”出的“产品”作为消费内容。换言之，这类研究及遵循其建议进行传播的实践依然是“为了传播而传播”，甚至是为了“消费”和“市场”而进行的传播，至于传统工艺的深层价值和深厚文化并没有被放在传播策略讨论的首位，以至于关于传播策略的讨论完全不去回应之前对传统工艺价值内涵的讨论。例如，那些针对在微博、微信公众号、小红书等多种媒介上如何去呈现传统工艺“产品”的传播策略讨论，往往并不注重传统工艺在文化寻根、价值认同等方面的价值挖掘和传播。

这种断裂式的传播策略研究，以及在这些研究指导下进行的传播活动，很难深入到社会结构中与传统工艺、传统文化的存在根本展开对话。退一步讲，即便这些工艺在媒介上得以呈现和广泛传播，也很难实现真正意义上的“活态传承”，而只是一种“逝去”的文化形态，成为消费主义盛行下的另一种“奇特”的商品，进而难以对中国特色的文化建设或全球多元文化发展起到推动作用。

3 传统工艺传播价值再反思

无论是对传统工艺传播形式的过分重视，对传统工艺商业价值的过度强调，还是在研究中将传统工艺价值探讨与传播策略分析割裂，产生的主要原因实际上均源于对追问传统工艺传播目的的忽视，最终导致了只为传播传统工艺而

---

① 如：张锦岚（2021）《基于抖音平台的传统工艺短视频传播研究》；王树平（2021）《手工艺类非物质文化遗产传播研究》；吕波芳.（2019）《模因视角下手工艺类非物质文化遗产传播研究与设计实践》等。

② 如：姜梦雪（2021）《中国传统文化在短视频中的跨文化传播效果研究》；陆婷婷（2021）《新媒体时代广西壮族刺绣工艺品传播研究》；姜子曦（2020）《传统手工艺短视频传播的困境与突破》等。

"强行"传播传统工艺的功利性做法。这种"错把手段当成目的"的行为本身也是对传统工艺传承与传播的一种异化。在此，笔者主张在大力开展传统工艺传播实践之前，有必要先返回到对"传播目的"的追问层面，重新思考传统工艺的传播价值到底何在，思考为什么今天的现代社会依然需要传统工艺，为什么大众媒介需要去传播传统工艺，应该传播传统工艺的什么内容等。只有在搞清楚这些基本的问题之后，才能更好地去讨论并实现传统工艺的传播创新。

3.1 传统工艺作为扎根日常生活的本土文化资源

要走出传统工艺传播研究的"内卷化"困境，首先要打破"媒体拯救非遗"的功能主义传播范式，放下"自上而下"传播的精英逻辑，真正走进民众的日常生活中，去重新挖掘传统工艺的日常价值。正如黄万盛所说，扎根日常生活的本土心理、价值、文化结构，才是支撑一个民族的文化资源。[12]

进一步来讲，对横向传播效果、大规模宣传推广的一味追求，以及期待通过广泛传播在短时间内实现传统工艺发展的"大规模运作"，实则忽略了传统工艺可持续生存的内部逻辑，忽视了被定位为受众的中国民众思考的真实感受。大量聚焦于传播形式的研究，其实关注的只是如何利用各类新媒体技术提升传播效果的传播学研究。传统工艺在其中只是起到案例作用，如果换成任何其他内容，如科学普及、环保宣传、政策方针推广等都可能得到类似的结论。

归根结底，无论是传播现代文化还是传统文化，"人"才是最终的目的，而人是借助文化的表达来实现自我的表达。[13]文化总是具有鲜明的地方性和本土性，任何文化都很难被从外部传入的知识原则赋予支配性意义。也为此，支撑中国文化建设、象征中国文化独特性的文化资源只能来自中国人民的文化实践内部，而要考察民众的文化实践，就必须扎根人民群众的日常生产与生活。

以近年来发展颇具活力的剪纸工艺为例，从横向的传播广度来讲，工艺的振兴的确有赖于国家、政府和非遗传承人的大力普及。但从纵向传播深度来讲，推动大众真正参与到剪纸工艺及其背后的文化内涵的传承与传播中的，往往不是一般意义上的艺术家或代表传播主体的工艺美术大师或国家级传承人，而是靠没上过几年学的"剪花娘子"、民间"爱好者"等。他们甚至不具备现代意义上的文化修养或艺术修养，也没有获得过现代艺术理论的指导，而只是遵从自己的精神世界，以剪纸为记录日常生活和思考的手段，最终形成地方性民族特色和个人审美风格相结合的艺术作品，推动了剪纸文化在民众心中的进一步丰满。

从剪纸工艺的发展案例来看，针对这些民间剪纸爱好者的传播，较少从高深的艺术或美学理论出发，而多从这些民间爱好者如何与剪纸结缘、剪纸如何成为其艰苦人生中的精神寄托等更为“接地气”的切入点出发，注重挖掘其日常生活中与剪纸相互成就的故事。可以说，剪纸工艺及其相关民间爱好者在民众中的“走红”便是由于其传播价值的挖掘更贴近日常。由此可见，扎根日常、自下而上的价值呈现与传播，是发展传统工艺传播的重要现实路径之一。

3.2 传统工艺作为深入历史情境的中国文化载体

文化不仅具有地方性，同时也具有历时性。它的独特性来自所经历的不同历史情境的积淀，中华民族丰富多样的传统工艺更是体现了这一点。传统工艺产生于特定的历史时期，是当地社会发展需求的产物，承载的是地方性、民族性的日用文化与技术文化。许多传统工艺与其诞生地的民众一起经历着历史与社会的变迁，形成命运共生关系。而一些传统工艺走向衰败，恰恰是其赖以生存和发展的历史情境发生了变化，工艺本身所呈现的本土文化受到了其他文化的影响和冲击，传统工艺在当地社会生活中的角色逐渐从必不可少的日用品或礼仪用品转变为可有可无的摆设，工艺技术及其所内涵的文化在历史变迁中与社会生活及其底层结构发生了断裂。

以王麻子剪刀为例，上文已经提及，现有的关于传播层面的研究多关注如何为其创造品牌效应。类似的传统工艺还有不少，现有的传播策略主要在于如何吸引消费者的眼球，做到充分迎合消费文化的需求，而对工艺本身的历史和文化缺乏深层次的挖掘和展示。其中一个重要原因在于传播者对工艺本身的历史源流和文化内涵缺乏基本了解。相当一部分传统工艺存在起源不明、历史脉络不清等情况，其中大部分工艺的历史多依赖于传承人对其家族经历的回顾。这些工艺缘何出现？如何成为某一历史时期的社会必需品？随着时代变迁，该工艺的消费者、技术系统、传承者之间的互动发生了怎样的变化？又因何而走向衰落？当前的很多传播主体难以回答这些问题，这在客观上主要是因为传统工艺的历史研究不够深入和丰富，尤其是民间传统工艺的历史源流因缺乏文献的记载而难以厘清。但即便如此，诸如景泰蓝、花丝镶嵌等工艺，依据可能的考古实物、古籍、地方志、海关贸易档案、传承人口述资料等多种途径，去考察其在不同历史情境中的演变与文化变迁，依然是可能的。只有充分了解传统工艺及其发挥价值的历史时空，才可能深入挖掘其中的文化资源，才有可能传播出为当代公众所能理解和体认的传统工艺。

换言之，传统工艺不只是具体化的物件，更不是用以标榜消费能力或具有实用价值的商品，它们在当代的真正价值在于其在特定历史情境中生成演变而延续至今的文化内涵。“历史远不仅是事实的编纂，而是对生命动态过程的深刻洞见”，[14] 传统工艺承载的历史首先是一种独特的文化，然后是一段活生生的“人”“民族”甚或是“文明”存在、发展或辉煌过的印记。因此，要想使一些走向衰落的传统工艺重新“活”起来，对其的传播就要深入到历史情境之中，努力找到其与社会能够产生良好地、有机地互动的原因。走进具体传统工艺的发源地，深入分析地方民众寓于其中的生命体验和共同的历史记忆，能够帮助研究者、传播者进一步提炼出具有宏观关怀的文化内涵。[15] 相反，抛开历史谈未来，只会导致传统工艺传播的“地基不牢”和“凌空虚蹈”。依托具体案例，自下而上地研究历史、社会变迁在文化实践中的表达，就能够发现各个层级民众的生活图景，[16] 自然而然地找到具体某一传统工艺“为何改变”以及“为何保留”，从而真正厘清传统工艺的传播目的，避免“为了传播而传播”的本末倒置。

3.3　传统工艺作为联结地方社会的文化传播媒介

对当前传统工艺传播相关研究的概述已经表明，以往的传统工艺传播只将传统工艺作为传播内容，关注用其他大众传播媒体为传统工艺提高关注度的方法与策略，即聚焦于用媒介为传统工艺赋能的过程。而这造成了传统工艺价值挖掘与传播研究之间的严重断裂。

事实上，传统工艺本身即为一种重要的传播媒介，作为历史文化资源和地方文化载体，设计、制作工艺品的过程是本土叙述者们身体力行地叙述自己的日常生活和文化想象的独特叙述方式，而研究者的重要任务之一应该是从这种独特的叙述方式中发现更深层次的历史场景和主观心态，探讨这些工艺品及工艺品生产流程和生产系统中流露的信息和材料对叙述者来说意味着什么，而叙述者不仅包括工艺的传承者，还有推动该工艺产生的诞生地人民、欣赏和消费该工艺的爱好者等。

以流传于豫晋地区的民间传统“打铁花”为例，其之所以能存续千年，近年来又颇受关注的原因即为其作为一种媒介对地方社会的联结和表征。“打铁花”是一种民间传统焰火，是宋代时铁匠在铸造祭祀器皿中发展起来的一种表演技艺。中国道教在宋代得以兴盛发展，加之古代中国豫晋地区作为农业生产重要地区在北宋时期灾害多发，因而农民常请道士施法消灾、祈祷风调雨顺，道教得以在当地快速发展。与此同时，该地区由于矿产丰富，冶铸业发达，工匠常无偿为道士铸造钟、磬、云牌、香炉、火盆之类的祭祀道具，而道士也为工匠的祭祀活动提供支持。随着这一习俗的发展，当地的许多道士逐渐学会冶铸，而一些工匠也渐渐开始充当道士进行祭祀，形成“道士匠人是一家”的说法。北宋灭亡后，打铁花随着当地民众的迁徙流传各地并形成丰富样式。明清时期，在官府的提倡下，这一技艺更是达到鼎盛。

从打铁花的案例中，能够得见农业、工业、宗教的联动发展，其本身作为一种媒介，呈现了豫晋地区的地理、文化、经济及该地区与中国历史、政治发展之间的联结，为活跃民间生活、展现民族文化发挥了重要作用。因此，从传播即联结的视角看，将传统工艺本身视作联结地方社会的文化传播媒介，有助于研究者将传播理论从抽象的媒介世界拉回具体的地方社会。[4] 此外，这将有助于研究者重新发现传播主体及更进一步还原历史情境、挖掘文化价值，弄清利用大众媒介传播的内容到底应该是利用传统工艺生产出的工艺品或生产技术及工具，还是各民族、各地方、各阶层以传统工艺为媒介所呈现的自我表达。

4 结 语

建设社会主义文化强国的浪潮方兴未艾，传统工艺的保护与传承工作也开展得如火如荼。但反观数年来传统工艺的传播工作，虽然发展迅速，也取得了一定成效，但现状与理论研究仍存在不少问题。

现有传播主体对“活态传承”的理解局限于存在“活的”传承人能够进行技艺表演的层面，遵从观看即为参与的简单信念，将一切能够利用的媒体技术和表演场域应用在对更广泛的宣传普及的期待之上。研究者则陷入“内卷化”，纠结于哪些媒体技术及传播形式更能为传统工艺赋能的讨论中。针对趋于消逝的工艺的传播研究深陷消费主义泥潭，过于注重对其经济价值的挖掘，而忽视其历史文化价值与内涵，最终使传统工艺沦为“他者的想象”出现在民众的视野中，有学者将这种现象批判为“颠倒的认识论”。[17] 这些问题出现的根本原因在于忽视了对传统工艺传播目的的反思和追问。无论是现有传播主体还是相关研究者常常陷入“为了传播而传播”的功利主义困境。要解决这一问题，就要回归追问目的的层面，通过认识与挖掘传统工艺作为本土文化资源、历史文化载体及文化传播媒介的价值，为传统工艺的传播创新提供新的立足点。

在我们看来，传统工艺的活态传承与传播，从不是指从展示文字和图片走向展示技艺流程，或让观看者参与工艺制作的简单表演，而是应该展示一部活生生的、由人物故事和历史场景所构成的社会文化史。具体的工艺产品、技术流程或展现技术的表演者应如离弦之箭，靶心是与其相关的人的日常生活，以及这些生活所根植的社会文化、历史变迁与情感的联结。因此，从扎根日常生活、深入历史情境、联结地方社会的层面重新理解传统工艺的价值，将有助于传统工艺传播工作的可持续发展，进而为文化强国建设贡献力量。

参考文献

[1] 周计武，吴维忆．从“造物”到“造境”：手工艺非遗保护的范式转换［J］．文化艺术研究，2021，14（5）：32–41，112.

[2] 文化和旅游部，教育部，科技部，工业和信息化部国家民委，财政部，人力资源社会保障部商务部，国家知识产权局，国家乡村振兴局．关于推动传统工艺高质量传承发展的通知［Z］．2022–06–28.

[3] 李金铨．传播研究的典范与认同［J］．书城，2014（02）：51–63.

[4] 沙垚．传播学如何研究非物质文化遗产［J］．现代视听，2021（06）：86.

[5] 彭慧，秦枫．互动仪式链视角下非遗短视频用户互动研究——以抖音“非遗合伙人”为例［J］．未来传播，2021（03）：84–90.

[6] 陈浩男，刘红萍．新媒体时代黑龙江省传统手工艺类非物质文化遗产传播策略研究［J］．文化创新比较研究，2022，6（09）：99–102.

[7] 孙梓，樊传果．传统手工艺非遗短视频内容创作研究［J］．东南传播，2022（03）：26–28.

[8] 郭平，张洁．中国非物质文化遗产研究 2021 年度报告［J］．民间文化论坛，2022（02）：34–48.

[9] 王维佳．现代中国空间政治变迁中的知识分子与文化传播［J］．天涯，2011（05）：14.

[10] 张艺璇．消费文化视域下传统工艺纪实短视频的创新传播［J］．民族艺术研究，2021，34（01）：86–94.

[11] 沙垚．传播学如何研究非物质文化遗产［J］．现代视听，2021（06）：86.

[12] 黄万盛．革命不是原罪［M］．桂林：广西师范大学出版社，2007：40.

[13] 赵旭东．文化的表达：人类学的视野［M］．北京：中国人民大学出版社，2009. 2.

[14] SIGRIED GIEDION. Space, Time and Architecture［M］．Cambridge：Harvard University Press, 1967.

[15] 沙垚．吾土吾民：农民的文化表达与主体性［M］．北京：中国社会科学出版社，2017. 6.

[16] 载行龙（编辑）. 李伟，常利兵．回望集体文化：陕西农村社会研究［M］．北京：商务印书馆，2014. 365.

[17] 张旭东．全球化时代的文化认同［M］．上海：上海人民出版社，2021.

On the Innovation of Traditional Craft Communication: Based on the Reflection on the Practice and Research of Traditional Craft Communication in China

ZHANG Meifang, ZHANG Xinyu

(Institute for Cultural Heritage and History of Science & Technology,
University of Science and Technology Beijing, Beijing 100083, China)

Abstract: As an important part of Chinese excellent traditional culture, traditional crafts are local cultural resources accumulated by various regions and nationalities for a long time, which contain profound creative ideas and humanistic spirit. In recent years, with the vigorous revitalization of the country and the extensive participation of the society, the protection and inheritance of traditional crafts have achieved fruitful results. Compared with the protection and inheritance, there are still some shortcomings in the practice of traditional craft communication and related research, which are mainly manifested in ignoring the inquiry of communication purpose and falling into the utilitarian dilemma of "communication for communication's sake". In order to solve this problem, from the perspective of cultural attributes and values of traditional crafts, this paper proposes to re-explore the value of traditional crafts as local cultural resources, historical and cultural carriers and cultural media from three aspects: taking root in daily life, deepening historical situations and connecting local society, so as to help practitioners and researchers get out of the predicament of functionalism paradigm and further promote the development of traditional crafts communication.

Keywords: traditional craft; cultural value; communication innovation

“联通”场域：传统工艺传承创新的文化资本路径

——以京城漆器为例

雷紫雯　章梅芳

（北京科技大学科技史与文化遗产研究院，北京，100083）

摘要：从文化资本再生产的视角出发，对北京漆器工艺守本创新的现状和问题展开考察。研究认为，漆器工艺的当代文化价值是制作场域和消费场域共同协作的结果。一方面，在制作场域，漆器制作者作为行动者通过“磨合与顺应材料”，以及“手作实践”的方式建立文化自主性与合法性话语，形成漆器工艺在当代的文化资本。另一方面，消费场域的权力斗争在漆器制作者与消费者之间展开，工匠在制作场域的文化合法性并没有在消费场域转换成经济资本，反而受到消费需求的反噬，表现在对漆器制品多元文化属性的界定不清晰，以及漆器制作场域和消费场域之间文化资本认知的“断连”。只有打通制作场域和消费场域中文化资本的转化，进行文化资本再生产，才能实现漆器工艺的可持续传承发展。

关键词：传统工艺；守本创新；文化资本；场域；漆器

0　引　言

随着现代化进程的推进，传统工艺的生存和发展面临巨大挑战。在传统工艺振兴的战略语境下，如何在保护传统工艺核心技艺的基础上进行创新发展，

基金项目：本文系北京市哲学社科规划重点项目“北京传统手工技艺文化资源价值挖掘与传播创新研究”（项目编号：21LSA002）的阶段性成果。

作者简介：雷紫雯，北京科技大学科技史与文化遗产研究院博士后。研究方向：科技文化传播。章梅芳，北京科技大学科技史与文化遗产研究院教授。研究方向：技术与社会、传统工艺。

以适应现代社会的需求，成为业界和学术界关注的焦点。本研究选取京城漆器，即“燕京八绝”中的雕漆和金漆镶嵌为例，从文化资本再生产的视角出发，考察京城漆器传统工艺在制作场域的文化资本表征，消费场域中文化资本转化的难点，及促进其发展的策略和方法。通过深入挖掘和分析漆器工艺在制作场域和消费场域中文化资本再生产的现状和问题，本研究旨在为保护和发展传统工艺提供新的思路和方法，同时也为相关政策制定和实践操作提供理论支持和实践指导。

1 文献综述

1.1 传统工艺“守本创新”相关研究

如何推进传统工艺的传承保护与创新发展一直是科技史、艺术学、民俗学、人类学等业界观察者和研究者关注的关键领域。在经历了“坚守”还是“变通”，[1] 要“原生态”还是“生活态”[2] 等问题的讨论后，在传承中创新已成为传统工艺在当代发展的基本共识。[3, 4] 前人从技术进步、文化政策、行业发展和消费需求等外部因素探讨了传统工艺在传承中创新的基本原则、重要意义和实践路径，[5—7] 也有学者从传统工艺的制作实践出发，从材料、工艺、形态、设计等方面，讨论了传统工艺在保持核心技艺的基础上进行创新创造的重要性。[8, 9]

相关学术研究分别从传统工艺在传承中创新发展的内部因素 – 制作实践，抑或外部因素 – 产业实践的视角，探讨了传统工艺在传承中创新的基本原则、重要意义和实践路径，但仍需进一步追问，如果传统工艺确实具有现代化工业品无法替代的不可或缺性，那么工匠如何将制作实践中析出的文化价值与消费市场相关联，将其转化为市场价值抑或无法转化为市场价值？他们如何调适传统工艺制作实践和文化价值再生产之间的关系？

1.2 场域、文化资本及其再生产

法国社会学家皮埃尔·布迪厄（Pierre Bourdieu）的“场域”（field）和“文化资本”（cultural capital）理论为本文提供了一个分析框架。布迪厄将场域视为一个结构化的社会空间。这个空间是由“在各种位置之间存在的客观关系”以及“它们强加于占据特定位置的行动者或机构”构成，[10] 场域中的行动者共享一套“游戏”规则，占据主导地位的行动者和结构拥有权力决定场域中的实践。因此，身处其中的行动者会使用不同的策略维持或改善他们的位置，“场域中的

筹码就是资本的积累"。[11]

文化资本是场域中的重要资本之一，可以以具身的状态（以精神和身体的持久"性情"的形式）、客观的状态（以图书、书籍、词典、工具、机器等文化商品的形式），以及体制的状态（以一种客观化的形式，这一形式必须被区别对待）存在。[12] 场域通过文化资本（专业知识和技能）和经济资本（物质财产）维持自主性。鉴于资本在场域中生成控制权力和规则的重要作用，从文化资本的视角考察传统工艺在制作实践中的文化自主性，及其在消费实践中的文化再生产具有重要意义。

传统工艺领域的文化资本提供了维持该领域自主性所必须的尊重和权威。传统工艺领域的问题在于拥有较强的文化资本和较弱的经济资本。在制作场域，手工技艺和身体实践使工匠的文化资本得以积累和重构，[13] 工匠诉诸技术专长、技能和工具，在传统工艺生产和制作上拥有较高的自主性，并一定程度上抵御来自机械化生产和消费主义价值观等的威胁。在消费场域，市场化运作弱化了传统工艺文化资本的再生产。[13] 有研究指出，文化资本转化过程中应遵循场域中的基本规律，即市场供求规律与文化自主性发展规律。[14] 鉴于此，需要进一步考察传统工艺在制作场域和消费场域中文化资本的转化和再生产何以开展。因此，本研究包括：第一，传统工艺制作场域中的文化资本何以建构和表征？第二，传统工艺在消费场域中的文化资本何以转化？第三，传统工艺文化资本再生产的障碍是什么？

2　研究方法

本研究以京城漆器为研究对象，采用参与式观察和半结构化访谈的研究方法开展研究。两个关键因素使京城漆器成为探讨传统工艺文化资本再生产的具体对象。首先，京城漆器，即"燕京八绝"中的雕漆工艺和金漆镶嵌工艺源自皇家御用艺术，具有特色鲜明的宫廷工艺特征，其如何实现在当代社会的转化，融入（或无法融入）当代生活，在传统工艺现代性转化方面具有代表性。其次，漆器工艺的制作工序，在很大程度无法被机械化工业生产所替代，探讨其如何平衡保护传统和创新发展，实现在传承中创新具有参考意义。

2022 年 10 月至 2023 年 3 月间，研究者赴北京雕漆大师工作室、金漆镶嵌有限公司实地调研。研究者深入考察了漆器工艺的制作过程，特别关注漆器制作者对漆器物质材料的理解及其在制作器物过程中的具身实践；同时考察市场上漆器制品的销售情况与消费者偏好，探究漆器制品的价值认知与文化意义在销售过程中的体现。在深入调研漆器制品的制作及消费情况的基础上，研究者进一步对漆器工艺制作者进行半结构化访谈。访谈内容包括三个部分：第一，受访者的基本信息及学艺经历；第二，受访者对传统工艺当代文化价值的认识；第三，受访者认为传统工艺在融入当代社会生活中遇到的问题和困境。表 1 给出了被访者的基本情况。

参与式观察和半结构化访谈的所有文字数据被转录到 word 文档中。研究者在系统阅读文本，熟悉所有访谈材料后，确定文本话语中对传统工艺文化资本的明确和隐含的表征方式，探究漆器工艺制作与销售过程中文化资本的流动、转化和再生产。

表 1　被访者基本情况

编号	姓名	年龄	工艺名称	访谈地点	访谈日期	访谈方式
S1	YXY	76 岁	雕漆	工作室	2022.11.1	面对面
S2	HX	36 岁	金漆镶嵌	工作室	2023.3.7	面对面
S3	ZZW	30 岁	金漆镶嵌	工作室	2023.3.7	面对面
S4	LDL	56 岁	金漆镶嵌	工作室	2023.3.24	面对面
S5	WHR	52 岁	雕漆	工作室	2023.3.11	面对面
S6	MHSQ	53 岁	雕漆	工作室	2023.3.11	面对面

3　制作场域中漆器文化资本的合法性话语

在艺术场中，文化资本表现为艺术品固有价值的反映。[11] 文化资本与价值认定相勾连。制作场域中，漆器制作者在与大漆的不断磨合过程中建立对漆器物质材料的理解和认知，进而在顺应材料的基础上展开创作。同时，树立以“手工制作”为“游戏”规则的制作惯习，建立制作场域中漆器文化资本的合法性话语。

3.1　磨合与顺应：人与物的相互“养成”

漆器工艺的基础材料是大漆。大漆是从漆树上割取下来的汁液加工制成。

《本草纲目》引《说文》释漆，"木汁，可以髹物，其字象水滴而下之形也"。[15]漆液具有高度的黏结性，以及耐水、耐热、耐磨的特性，被广泛用于各种器具的髹饰美化上。如徐艺乙所言，中国人对材料的深入了解，促成了他们的世界观，以及对自然界中事物的物理和物性的认识。[8]大漆之于工匠而言并非仅仅是一种工艺材料，而是具有"脾气"和"秉性"的物质。无论是采集还是制作，漆器工艺的从业者均表现出对天然大漆物性的深刻认知、顺应和一定程度上的驯化过程。

第一，漆液采集对时节要求严格，每天日出前是割漆的最好时间。漆工必须凌晨出发去山上割漆，并且要赶在天亮前割完。"凌晨去割，天亮了就割完了，因为温度上升，会让它的水分流失，甚至让它干结，那这三年就白等了。像一些大木漆，一辈子只割一回，那就白种了，还得从头再来等七年到十年，树苗才能再起来，反正是挺费劲的"（S3）。漆液产量十分有限，漆器制作者往往用"百里千刀一斤漆"形容大漆采集的不易。"太艰苦了，大半夜就得上山，小木桶背一天才采一斤多两斤漆，一个好的割漆匠也就这样，百里千刀一斤漆，而且山上面有熊，很危险，我就遇见过"（S6）。并且，每次割完漆就要让漆树"歇"个两三年，"割得多它就死了，而且它漆性会下降，所以就是每次割一点"（S3）。漆工们采集时会巧妙地把漆树的叶子折一个角，然后插到漆树的割口上，等漆液刚好流满就不流了。漆工只有熟悉漆树的"脾气"和"秉性"，才能获得优质的漆液，用于手工艺品的制作。

第二，大漆具有致敏性。工匠采集、使用大漆的过程也是与大漆的天然属性进行磨合的过程。采集到的生漆经过滤、精制后便得到精制漆，用于漆器的髹饰制作。每个漆器制作者在学徒时都要经历严重的过敏反应。漆器制作者用"咬人"生动地形容大漆对人体的攻击和伤害。"我是（学徒）3个月以后被咬的，告诉你我3个月以后什么样啊，眼睛也看不到，包括我们工厂的女孩子都不能走道，咬死你为止，就咬一次。现在我的手插在这漆盆里都没事。"（S4）"现在还被漆咬呢，沾上就破皮。"（S6）"我觉得（学）漆是挺难的，它对人是一种磨难，咬人对人有伤害。"（S4）漆器制作者在与大漆的不断磨合过程中，了解大漆的"性格"特质，进而收服和驯化大漆。"就跟宠物小精灵一样，你不驯服它，你怎么用它？你得要安抚它，包容它，你才能运用好它，这个就是德行的体现"（S3）。例如，根据漆液所具备的黏附性特质，漆器制作者得以巧妙地运用这一性能，将螺钿、宝石，甚至鸡蛋壳等装饰材料附着其上，展现出在装饰材料和视觉表达上的创新。这种创新思维的前提在于对漆液特性的充分了解和感知。

第三，工艺源于大自然所给予的材料。没有材料，就无工艺可言。[16]尽管采集漆液条件艰苦，并且“咬人”的大漆会对人体产生伤害，但漆器制作者们坚持大漆之于漆器工艺的不可或缺性。以金漆镶嵌中的断纹工艺为例，“必须是纯大漆的那种柔软度，才能出现这种断纹。大漆虽然硬，但是有柔软性，用别的漆都不行。别的漆脆，一掰就折了。”（S4）只有了解了大漆的特性，工匠才能进行工艺制作和创新。“优秀的作者往往能够充分发挥材料的作用。材料在技艺的发掘下能够充分显露出自然之美，工艺是材料与技艺的结合。”[17]金漆镶嵌工艺中，在漆胎上敷贴金箔的“平金”工艺，看似自然形成的纹理，其实都是工匠有意而为之，需要对大漆的特性足够了解，并且工艺熟练才能够完成。“需要在漆干的某一个火候去贴。根据你对金漆的了解，或者说对金箔的了解，或者说对技法的要求，你控制它哑光的程度，碎的这个纹理，或者说它这个镜面反光反到什么程度，这个排布均匀的这种自然的感觉，其实这些都是要去干预的。”（S3）

漆器制作者正是在被大漆所“咬”并与其不断磨合的工艺实践中，不断丰富和积累了对大漆的物性认知，进而顺应天然漆液的特性创造器物。在此过程中，人与物构成了相互养成、相互成全的关系。并且，漆器制作者将对使用大漆的坚守，视为与工业生产漆器抗衡并彰显自身文化价值的重要话语策略。

3.2 手作：具身实践中的制作惯习

漆器制作者在制作场域中的合法性话语不仅建立在人与物质材料的双向磨合与顺应上，也在手工艺制作的具身实践中生成和建构。手工艺制作者将“手工制作”建构为漆器制作场域中工匠普遍认可的“游戏规则”，通过将手工制作与工业衍生品区隔开来，建立漆器制品在制作场域的文化自主权和合法性。

在工业社会，除天然大漆以外，人工合成涂料、化工涂料等因价格低廉、操作方便等特点，被规模引入漆器制造行业。[18]尽管如此，漆器制作者仍然坚持在漆器手工制作过程中明显区分工业生产和手工艺品的特性。工匠强调漆器制作中使用天然大漆的不可或缺性，并对使用化学漆持有一种谨慎的排斥态度。“如果把天然大漆换成化学制剂，确实是一种创新，但是那个东西还叫漆器吗？那和现代工业产品没有什么区别，你无非就是手工制作的工业产品。”（S2）“有些企业他们不用大漆了，很多都是腰果漆了。腰果漆就是化工漆，坏自己的招牌。"（S1）这表明，漆器手工制作中，坚守大漆原料的选择不仅是一项技术决策，而且是对传统工艺价值和品质标准的坚守。

人类学家蒂姆·英格尔德（Tim Ingold）认为，工艺的流畅性和灵巧性是人类通过在环境中的练习和经验，将这些技能纳入身体的操作方式。[19] 正如柳宗悦所言，"一根线可以有着无限的变化，而机械只有重复没有自由，只有被决定没有创造，只有同质没有异构，只有单调却没有各种形态的演变。缺乏变化的规则导致单调，这就是机械制品冷漠和干涩的起因。"[16] 随着现代化和自动化的机械工具参与到漆器制作的制漆、制胎、髹漆、推光、髹饰等多个工艺环节中，除一些自动化的辅助工具外，机器自动化的发展使漆器产品的量产成为可能。"现在有高级精雕机、高精数控切割机床、立体圆胶机、自动喷枪机、枪体彩绘机，技术工艺上完全达到适用性范围。"（S2）然而，漆器制作者仍然强调漆器制作过程中人的具身参与。首先，与机器生产相比，手工制作灵动且易掌控。"机器雕的它就是呆，它没有那种高低起伏。比如我们雕叶子，是平刀子出去，一兜下去再起来，有这种起伏，机雕就像中间挖了一个坑。"（S1）

对器物的创作并非来源于预先的设计，而是手工艺"激活了创作的自由"。[16] 漆器制作者认为，手工制作因其无限变化，得以在实践中创作和创新。"机器过于快了，制作过程中反应的时间都没有了。比如一条线，设计的时候本来是想这样，但是可能在勾刻的过程中突然发现，可能再偏一点点更好。有时候就差这一点点，它这个神韵就不一样。手工可以随时调整，电动工具拉一下过去了，再也修不了了。"（S3）

"使手制造物品，给予劳动的快乐，使人遵守道德，这才是赋予物品美之性质的因素。"[20] 漆器制作者将手工艺实践视作愉悦自我、表达自我的过程，"我雕同样一件东西，每一件都会不一样的，每次感受都不会一样。它可能包含了你个人的感觉，我们在雕一个人物，当他笑的时候，我们的嘴角真的就是翘着的。"（S1）"还有制作者对这件器物的理解，比如我觉得这个花应该往左，他觉得应该往右，融入他个人的情感经验、工艺技术以及手作之美，这个东西出来才叫一件手工艺制品"。（S2）"工艺是活的，它总是有一些变化，随着纸、随着心情、随着你的表达。"（S3）

因此，漆器制作过程中，制作者"根据肌肤与材料之间的触感，以及眼力的直观，形成心无旁骛的无心之作"，[21] 这恰恰成为布迪厄所说的"惯习”（habitus），即漆器制作者在制作场域的“行动、感觉、思想与存在的方式。”[11]“惯习为选择的逻辑提供了原则”，[11]工匠在制作实践中将具身知识和技能建构为一种隐性知识，并推广为漆器制作场域中被普遍认可的“游戏规则”，建构“手工制作”的合法性话语和文化资本。这种文化资本越稀有或“特殊”，它赋予其拥有者的权威和权力就越大。

4 消费场域中文化资本的艰难转化

场域是权力斗争的普遍特征，场域内支配地位的先进入者与新加入者之间总是处于相互对立的竞争状态。两者之间的斗争围绕控制有价值的资源，以及界定什么才是有价值的资源展开。[22]资源即文化资本的呈现形式，漆器工匠与消费者在场域内的“斗争”是关于漆器文化资本的话语权的争夺。尽管漆器工匠在制作场域通过对天然大漆的采割实践、使用实践，以及手工制作的具身实践等活动建立了关于自身合法性的文化资本，但这一资源并未渗透到漆器产品的消费场域，表现在对漆器制品多元文化属性的界定不清晰，以及漆器制作场域和消费场域之间文化资本认知的断连。

4.1 漆器工艺品的多元文化属性

艺术家对作品的建构处于场域关系之中，他们通过作品保卫场域或进行转型。艺术的“双重基础形式”表现在商业化的艺术旨在获得商业利益，纯艺术则把自身界定为为艺术而艺术。[11]新的生产技术、社会需求等外部因素的变化使漆器的制作场域产生剧烈变化，漆器工艺品生成收藏艺术品、文化消费品和文创产品等多元文化属性，适配不同人群的消费需求。

收藏艺术品决定了漆器工艺的正统性和传统性，指向核心技艺——漆器天然物质材料及手作工艺——的不变。“艺术品的这个定位，是一种技术实力的展示，你一定要有这种东西，它代表着艺术和你工艺的水准，就是巅峰上限，上限是不能丢的。因为这个上限决定了文化的传承。”（S2）收藏艺术品用于满足高端消费人群的需求。“自古以来它就是一个受众比较少的，那样才是健康的。家家都有是不对的，不健康的，它就不是一个日常生活用品。对它有感觉的人，就是花大价钱就买这么一件，买一件收藏。”（S1）漆器制作者必须利用有关漆艺的传统知识、技能和历史，将它们的过去与现在相联系，使自身的漆艺作品更具创造性和文化价值。

漆器在普通文化消费品市场的呈现，体现了漆器制品的延展性和适用性。工匠们通过器型创新和设计创新，改进产品外观和实用性，满足当代消费者的需求，取得市场效益，这也是漆器制作者发挥能动性的领域。"把过去那些传统的元素应用到符合现代生活的器物上，我觉得这是最大的方面，这个创新源于市场需求。"（S2）比如在器型创新上，金漆镶嵌有限公司生产了适用于当代生活的家具、化妆盒等日常用品，提高了漆器的民间性和实用性。"过去古代哪有电视柜，我们现在有平金开黑的电视柜、手机壳、女士用的化妆盒、首饰箱等，有的过去也有，但是在造型样式上肯定有所突破。"（S2）在雕漆工坊，漆器制作者按照国外订单的要求，生产了置于户外展示空间的桌子、椅子、企鹅、水果等户外装饰品。"大苹果、大樱桃、企鹅，都是素漆，在国际市场上很畅销。"（S5）

还有一类文创产品则是漆器工艺品的衍生品，现代工业化产品通常很便宜，运用漆器工艺的传统元素进行小规模量产漆器文创产品，既符合当代年轻人的文化消费观念，又可以普及人们对漆器工艺的认知。"金漆镶嵌作品和文创作品的边界，我觉得就在于适应市场的，以金漆的元素和少部分的工艺加入到新的产品中。凡是能达到小规模量产，且器型符合当代审美，我觉得都可以界定为文创。"（S2）"平时做些小物件就是为了宣传，让大家了解漆是怎么一回事，很多人根本不了解，老以为咱们是油漆。还有外面卖的注漆，十块八块特别便宜，但它里面没有任何漆的成分，好多人不懂，以为那就是天然的北京雕漆。所以做一些小东西不赚钱，目的是让大家了解真正的天然大漆是怎么回事。"（S5）

手工制作的产品满足高端人群的特殊需求，机械化产品则能够满足广大群众提高生活质量的需求。[8] 在制作场域中，漆器制品生成收藏艺术品、文化消费品和文创产品的多元化定位，适配不同人群的消费需求，其文化价值体现在消费市场的定价上，消费人群在对漆器制品的文化内涵有良好认知的前提下根据需求和购买能力进行消费。但现状来看，消费场域中的消费者普遍缺乏对漆器文化价值的认知，"只有极少数的人知晓漆艺，大多数人对漆艺是陌生的"，[23] 并且漆器作为文化消费符号被物化，[24] 漆器工匠在制作场域中建构的文化自主权被消费场域反噬，极大损害了漆器工艺的传承和创新发展。

4.2 制作场域与消费场域之间的"认知"断连

一旦艺术家试图实施一种超越艺术场分配给他们的职能时，即实施一种非社会功能（为艺术而艺术）的职能时，他们立刻就会重新发现他们的自主性，其实是很有限的。[12]漆器制品的文化资本源于其天然材料的使用，以及制作者与物质材料之间相互养成而生成的创造性文化和艺术价值。但在消费场域中，消费者对漆器的认知普遍匮乏。“接触了大漆，才有可能喜欢大漆。我们参加家长会，说到雕漆，他们都以为是油漆。都不知道祖国有一种树叫漆树，对大漆没有概念，（油漆和大漆）实际完全不是一回事。”（S5）

由于消费人群并未深入了解漆器的文化价值，导致市场上存在用机械化生产的工业品替代手工制品的现象。因为工业产品不仅便宜、具有成本效益，而且还能够满足不同客户的多样化需求。与之相比，漆器制作者在制作速度和数量方面都略逊一筹。“（这）对我们不公平。我们都不能批量生产，这样做让人家以为雕漆能批量生产。”（S1）

鉴于传统工艺消费市场未对漆器制品进行收藏艺术品、文化消费品和文创产品的明确界定和区分，导致消费者在市场上购买漆器制品时，无法准确地判断漆器制品的艺术价值、文化内涵及实用性。消费者基于个人喜好和购买能力购入漆器文化消费品和文创产品，生产商（如文创公司等）为迎合漆器市场消费需求不得不提高生产效率，引入漆器生产机械化流程，进而加剧了对传统工艺品的商业化生产，形成恶性循环。“现在这种东西给弄颠倒了，好像这市场需要这么多东西，实际上有的不是真真正正喜欢这些东西的人，有的是被误导的，将来这些东西实际上就是垃圾，不需要大量的流落到民间。”（S1）

并且，尽管漆器制作者在制作场域构建了“手工制作”的游戏规则的合法性，但在消费场域，机械化的生产模式使漆器制作者的文化自主权更难确立和区分。“机雕算雕漆吗？”当我问出这个问题，受访者不置可否。“现在我也不太好说了。现在市场上很多产品都是机雕出来的，但对外说是（手工）雕漆。”（S1）特别是对于那些半手工半机械的产品来说，区分更难。比如雕漆有些先机雕半成品，再手工在上面精加工，如果不是专业人士，很难作出区分。“现在有那么做的，还有的是把机雕雕到一定程度，之后再用手工精修的。老百姓看不出来，所以这些文创公司就可以随心所欲地去做，但是就没有一个评价标准。我们就被淹没了，花费了时间精力去做一件东西，很可能就是量产这些，大家觉得还不错就去买。特别是这种半手工半机械的，其实挺讨巧的，而且很偷懒。”（S1）

因此，漆器制作者在漆器制作场域中强调天然物质材料的使用和创造性文化表达。然而，消费者在市场中对漆器的认知却普遍匮乏，导致消费者在购买决策中更倾向于机械化生产的工业品。并且，传统工艺市场未对漆器制品的多元文化属性进行明确区分，使得漆器制品生产的商业化趋势更加明显。这一过程中，漆器制作者在生产场域中构建的手工制作规则的合法性受到质疑，漆器制作场域和消费场域之间存在对漆器文化认知的断裂，使漆器文化资本的再生产变得更加艰难。

5 小结与讨论

布迪厄认为，文化资本、社会资本和经济资本之间存在相互转化的可能性。转化是为了保证文化资本的再生产，只有当文化资本被消费场域认可，才能转换为经济资本或符号资本，做到可持续发展。传统工艺在传承中发展创新的实质是基于文化实践的过程逻辑，实现文化资本向经济资本的转化方式的创新。为此，要实现传统工艺守正创新，就必须打破文化资本在传统工艺制作场域内部循环、不断巩固的传统认知，打通制作场域和消费场域的融合。

第一，保护核心技艺及其文化内核是工匠提升工艺水平的正确道路。"如果没有悠久的传统，就不会有令人惊叹的技术。"[16]漆器制作者拥有丰富的传统科学技术知识和制作技能，他们在长期制作实践中充分内化的、对器物和工艺的文化认知及其展演，使得外来者的模仿和复制变得十分困难，这同时也是他们建构和强化作为传承主体的文化自主性与知识技艺话语权的核心基础，有助于他们提高在消费场域的市场竞争力。在此背景下，漆器制作者要做的是将他们的核心工艺与当前的消费市场趋势相结合，在保护漆器制作工艺的基本性质、基本结构、基本功能、基本文化内涵的基础上，对现有产品或生产过程中进行不改变根本文化属性的改进或扩展，为消费者带来实质性美学、功能或象征性利益，满足消费者的需求。

第二，抵御消费主义的引导，引领社会价值观。"工匠必须是对美有着正确认识的评判者。……民众所欠缺的是对美的正确理解"。[16]工匠作为历史、科学和艺术相关知识的承载者，凭借其知识储备，能够从学识的角度对美与丑进行评判，[16]这便是漆器制造者的文化资本，将文化资本转化为社会的共识，要求漆器制作者引领公众对传统文化价值的正确认识。"消费者不仅看中味道，还看中传统和正宗的品质，这些品质体现了历史悠久的文化习俗。"（S2）漆器制作者利用他们的传统知识、技能和历史，将过去的文化传统与当代的消费品位相勾连，使漆器制品一方面反映传统图案、设计和结构特征，展现传统生活方式与文化审美；另一方面与当代美学相呼应，回应当代民众的实际需求，在保留传统文化身份的同时，进行渐进式创新。

第三，明确不同属性漆器制品的市场区分标准。针对消费者在情感、美学、象征等不同层次的消费需求，漆器消费市场可从制作材料、制作工艺、品质等等方面，对漆器制品进行区分。正如一位雕漆大师所说，“我认为要是机雕的话，必须要在商品上注明它是机雕的。像注漆它完全是注的，但文创公司在介绍产品的时候是用雕漆介绍，这就特别的不道德，那怎么跟手工的雕漆去区分？他们（文创公司）也在介绍用雕漆怎么样走入现代生活，我说你这就不对了，你要作为一个文创产品，你要说清楚你的工艺，绝对不能和雕漆混淆起来。我不排斥挣钱，因为它被人认可，被市场认可，它存在就是合理，但是你不能让人家误以为你这就是手工雕漆。”（S1）尽管漆器制作者仍维持制作场域中手作的游戏规则，但在消费场域中正逐渐失去来自制作场域的有利地位。鉴于此，在消费场域区分并认可传统手工制作工艺和现代机械制作工艺在品质和价值上的差异就显得尤为重要。

参考文献

[1] 刘德龙．坚守与变通——关于非物质文化遗产生产性保护中的几个关系［J］．民俗研究，2013（01）：5-9.

[2] 王兴业．传统工艺要“原生态”，还是生活态？［J］．民族艺术研究，2014，27（03）：143-146.

[3] 季中扬，陈宇．论传统手工艺类非物质文化遗产的创新性保护［J］．云南师范大学学报（哲学社会科学版），2019，51（04）：59-65.

[4] 姚紫薇，狄静．非物质文化遗产保护语境下传统手工艺的创新——以乱针绣为例［J］．湖北民族大学学报（哲学社会科学版），2020，38（02）：101-106.

[5] 黄永林，余召臣．技术视角下非物质文化遗产的发展向度与创新表达［J］．宁夏社会科学，2022（03）：198-206.

[6] 刘晓春，冷剑波．“非遗”生产性保护的实践与思考［J］．广西民族大学学报（哲学社会科学版），2016，38（04）：64-71.

[7] 马知遥，刘智英，刘垚瑶．中国非物质文化遗产保护理念的几个关键性问题［J］．民俗研究，2019（06）：39-46+157-158.

[8] 徐艺乙．传统手工艺的创新与创造［J］．贵州社会科学，2018（11）：79-83.

[9] 朱霞．传统工艺的传承特质与自愈机制［J］．北京师范大学学报（社会科学版），2018（04）：61-68.

［10］［法］皮埃尔·布迪厄，［美］华康德．反思社会学导引［M］．北京：商务印书馆，2015. 122.
［11］［英］迈克尔·格伦菲尔．布迪厄：关键概念［M］．重庆：重庆大学出版社，2018. 86；128；65；105；196–197.
［12］［法］皮埃尔·布迪厄．文化资本与社会炼金术：布迪厄访谈录［M］．上海：上海人民出版社，1997. 192–193；156.
［13］周阳．社会记忆视域下“非遗”文化资本的再生产——以“秦淮灯彩”为例［J］．民族艺术，2021（05）：108–118.
［14］陈文苑，柏贵喜．民族传统工艺文化资源资本化：时代价值、实施路径及实践逻辑［J］．贵州民族研究，2021，42（05）：74–79.
［15］［明］李时珍．本草纲目·木部·漆．合肥：味苦斋，1886. 卷 35 上．
［16］［日］柳宗悦．工艺之道［M］．桂林：广西师范大学出版社，2011. 40；67；67；41；148；105.
［17］［日］柳宗悦．工艺文化［M］．桂林：广西师范大学出版社，2006. 95.
［18］长北．《髹饰录》与东亚漆艺：传统髹饰工艺体系研究［M］．北京：人民美术出版社，2014. 562.
［19］TIM I.The Perception of the Environment: Essays on Livelihood, Dwelling and Skill［M］. London: Routledge，2000. 291.
［20］［日］柳宗悦．日本手工艺［M］．桂林：广西师范大学出版社，2011. 3.
［21］刘晓春，冷剑波．“非遗”生产性保护的实践与思考［J］．广西民族大学学报（哲学社会科学版），2016，38（04）：64–71.
［22］朱伟珏．权力与时尚再生产 布迪厄文化消费理论再考察［J］．社会，2012，32（01）：88–103.
［23］赵长伟．生态设计背景下漆艺的生产与消费研究［J］．中国生漆，2015，34（04）：33–35+48.
［24］张培枫．论大众漆器的道具身份［J］．艺术与设计（理论），2019，2（12）：119–121.

Connecting Fields: Cultural Capital Path of Traditional Craft Inheritance and Innovation Based on the Case study of Beijing Lacquerware

LEI Ziwen, ZHANG Meifang

(Institute for Cultural Heritage and History of Science & Technology, University of Science and Technology Beijing, Beijing 100083, China)

Abstract: From the perspective of cultural capital reproduction, this study examines the current situation and problems of Beijing's lacquer crafts in terms of keeping their roots and innovating. The study concludes that the contemporary cultural value of lacquer craft is the result of the collaboration between the production and consumption arenas. In the field of production, the lacquer makers as actors establish cultural autonomy and legitimacy discourse by "adapting and conforming to the materials" and "handmade practice", forming the cultural capital of lacquer craft in the contemporary era. On the other hand, the power struggle in the field of consumption takes place between lacquerware makers and consumers. The cultural legitimacy of craftsmen in the field of production is not converted into economic capital in the field of consumption, but is instead countered by the demand for consumption, which is manifested in the lack of a clear definition of the multicultural attributes of lacquerware products, and in the disconnection of the perception of cultural capital between the field of lacquerware production and the field of consumption. The sustainable inheritance and development of lacquerware crafts can only be achieved through the conversion of cultural capital in the production and consumption arenas and the reproduction of cultural capital.

Keywords: traditional crafts; conservation and innovation; cultural capital; field; lacquerware

传统民俗打铁花的起源功用初探及铁花形成机理的科学研究

张　凯

（上海博物馆，上海，200030）

摘要：打铁花是一种流行于晋豫鲁地区的民俗表演形式，形成原因和发展脉络至今未有相关的科学研究。本研究通过模拟打铁花试验，发现铁花效果和颗粒度均与碳含量密切相关，铁花效果可以对碳含量做初步的判断，颗粒度可以对碳含量做较为精确的判断。结合实验与民俗表演形式进行推断，打铁花应是古代冶炼工人现场判断铁水碳含量的一种方法。同时，本研究还通过 Fe−C 相图、金相组织结构和相变应力对打铁花的形成机理进行科学讨论，得出铁花的视觉效果是由三个阶段的不同铁花叠加而成的结论。

关键词：打铁花；碳含量；坩埚炼铁；铁花机理

0　引　言

打铁花作为一项民间的风俗表演，主要集中在山西省、山东省、河南省等地。随着近些年受到的关注度越来越高，打铁花已经从民俗表演形式在向民俗文化传承的方向转变。2008 年，国家级非物质文化遗产代表性项目名录第二批次中，首次出现了打铁花的新增项目，这表明打铁花已经在民俗文化上得到了国家和广大民众的认可。目前，关于打铁花的研究资料尚少。关于其何时起源，起源于何地，各家非遗传承人众说纷纭。仅有的研究资料都集中在打铁花的步骤介绍上，更偏向于民俗宣传和技艺传承，对于打铁花的形成原因和发展脉络，

作者简介：张凯，山西省人，硕士，毕业于西安交通大学材料加工专业，上海博物馆助理馆员，研究方向为古代金属工艺。

还未见有科学的研究和报道。

打铁花的表演形式多种多样，但核心都是将熔融的铁水，通过盛舀工具运送至空旷之地，再用工具将盛舀的铁水击打至高空，以使铁水在空气中遇冷爆裂而形成绚丽的烟火。总的来说，打铁花过程可分为两个阶段，即准备阶段和表演阶段，如图 1 所示。

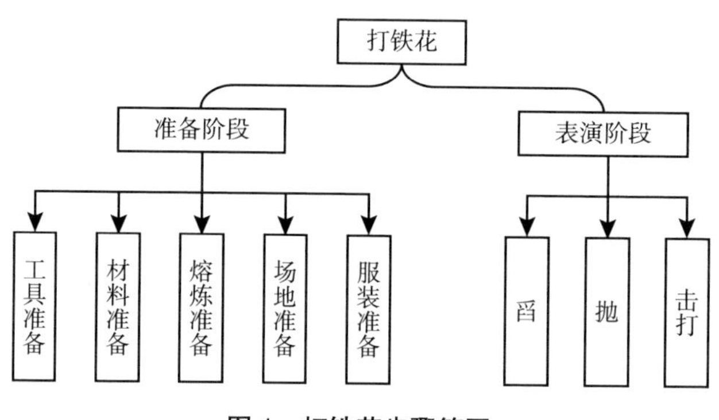

图 1　打铁花步骤简图

工具准备中的舀勺和击打板可以用铁基材料内涂隔热层来制作，也可以用木材制作。用木材制作时，需要提前烘干。材料准备是指熔融材料，通常为当地的废锅、铁犁铧等生铁，并将生铁破碎成小块，便于熔炼。熔炼准备为熔炉的搭建和送风。传统送风方式为手动风箱，现已全部被鼓风机代替。场地准备和服装准备各地不同。简单表演只需空旷场地和隔热服。复杂的表演不仅需要搭设所需的花棚、花架，还需要在棚架上布置鞭炮，同时服装也不仅限于隔热的功能，还有地方民俗的图案和寓意等。准备阶段完成后即进入表演阶段。首先，工匠用舀勺等工具将熔融的铁水盛出。然后，迅速地将铁液抛至半空，同时站在一旁的工匠找准机会，用击打板快速用力地抽打铁液，将其打向高空，并绽放形成绚丽的烟火。整个过程“舀—抛—击打”一气呵成，团队协作紧密。击打的力度和角度需要练习掌握：力度过小，铁花绽放效果不好；角度不正，则无法打向高空。

根据击打的方式不同，表演的风格迥异，后续也逐步衍生出了众多打铁花派系。其中，山西省的晋城市、阳泉市，山东省的临朐县，河南省的确山县的表演形式可归为一类，都需要多人组织，需要专用的打铁花工具来完成表演。而湖南省攸县的打铁花较为特殊[1]，使用徒手打铁花，单人完成。这种表演形式较为少见。据现有资料可知，其形成或与当地的补锅业有着密切的联系，更注重于寓意，但未成体系，应是第一类打铁花的个性化衍变。因此，本研究将重点讨论第一类打铁花的形成与发展。

关于打铁花的起源时间和地点，传统观点分为两派。以河南省确山县为代表的观点认为，当地打铁花起源于北宋本地[2]。此说来源于当地传说和艺人口述，缺乏相应的科学考证。以山西省晋城市、泽州县为代表的观点认为，本地打铁花起源于春秋战国之际[3, 4]。春秋战国之说也未提供相应的佐证，应是依据铁器时代出现的时间得出的推论，并在民俗起源中提到了当地先民以煤炼铁。首先，铁器的出现并无法说明打铁花技术就会出现。其次，以煤炼铁的起始时间一直是冶金考古的研究重点，鉴于目前考古出土最早的炼铁炉在战国中晚期[5]，所以学者关于以煤炼铁的时间争议都集中在战国之后，春秋之说并不能成立。因此，打铁花的起源时间和地点依然是个谜题。

除此之外，困扰作者的还有两个疑问：其一，青铜时代远早于铁器时代，可为何只见打铁花传世，却未见过打铜花？人类掌握青铜的冶炼早于冶铁，铜的冶炼温度和难度也远远低于铁，可让人困惑的是打铜花没有出现，反而难度大的打铁花出现并流传至今。其二，碳含量对钢铁的影响非常大，从生活用具到战争兵器，都需要不同碳含量的铁或钢，那么古人在缺乏检测设备的情况下，是通过什么方式进行碳含量辨别的？带着这些疑问，本研究将试图通过模拟打铁花试验找到答案，并结合冶金史、冶金考古、田野调查等资料，来探析打铁花的起源功用；同时，针对试验中观察到的现象，运用材料科学的知识进一步对铁花的形成机理进行相关讨论。

1 打铁花试验

1.1 材料准备

实验选取 4 种 Fe-C 合金成分的材料进行打铁花试验。4 种成分分别落于亚共析钢、过共析钢、亚共晶铸铁和过共晶铸铁区间，具体成分见表 1。

表1 4种Fe–C合金成分表（C%）

钢的分类	亚共析钢	过共析钢	亚共晶铸铁	过共晶铸铁
成分	C：0.42–0.48 Si：0.2 P：0.035 其余：略	C：0.98–1.05 Si：0.17–0.37 P：＜0.02 其余：略	C：3.28 Si：2.26 P：0.086 其余：略	C：4.00 Si：2.26 P：0.086 其余：略
牌号	45钢	T10钢	HT250灰铸铁	自制
折合C当量≈	0.5	1.1	4.0	4.8

实验中选取的亚共析钢、过共析钢和亚共晶铸铁均是从市场上购买的45钢、T10钢和HT250灰铸铁，过共晶铸铁是用HT250加石墨熔炼而成，熔炼设备为高频感应装置和透明石英坩埚。据现有资料可查，河南确山打铁花的熔炼温度为1700℃[2]，米脂的熔炼温度在1600—1700℃之间[6]。因此，本实验将熔炼温度设置为1600℃，保温时间为5 min。由于Si和P是促进石墨化的元素，对Fe–C相图中共晶点的移动有很大影响，在实验过程中，不能忽略Si和P的存在，需要将Si和P折算成相应的C当量进行计算分析。折算原则为CE%=C%+1/3（Si+P）%，因此上述选取的4种实验材料的原始C含量从0.45%、1%、3.28%和4%，经过C当量折算后就变为0.5%、1.1%、4.0%和4.8%，如表1所示。文章中将以C–0.5、C–1.1、C–4.0和C–4.8来表示4种不同成分的Fe–C材料。

1.2 实验设计及过程

真实的打铁花技艺是在空旷的场地上，向高空击打铁水形成铁花。由于实验室的条件和相应安全规范的约束，无法模拟高空打铁花，为此特采用向下泼洒铁水的方式来代替高空击打。虽然在视觉效果上无法与高空打铁花相媲美，但从科学研究角度来看，在铁花形成机理上并无多大差别，只是效果不如前者。

首先，在实验中搭建一个简易的泼洒熔池，即在陶瓷板上用耐火板围成一周，形成一定的泼洒高度和角度。然后，将熔融的铁水从熔池的一角进行倾倒形成泼洒，以观察铁花的形成和凝固后的状态。熔池内部尺寸L×W×H为150 mm×80 mm×60 mm。实验效果和装置示意图见图2，其中（a）为泼洒熔池的示意图，（b）为简易加热装置示意图，（c）为铁花现场效果图，（d）为颗粒度现场图。

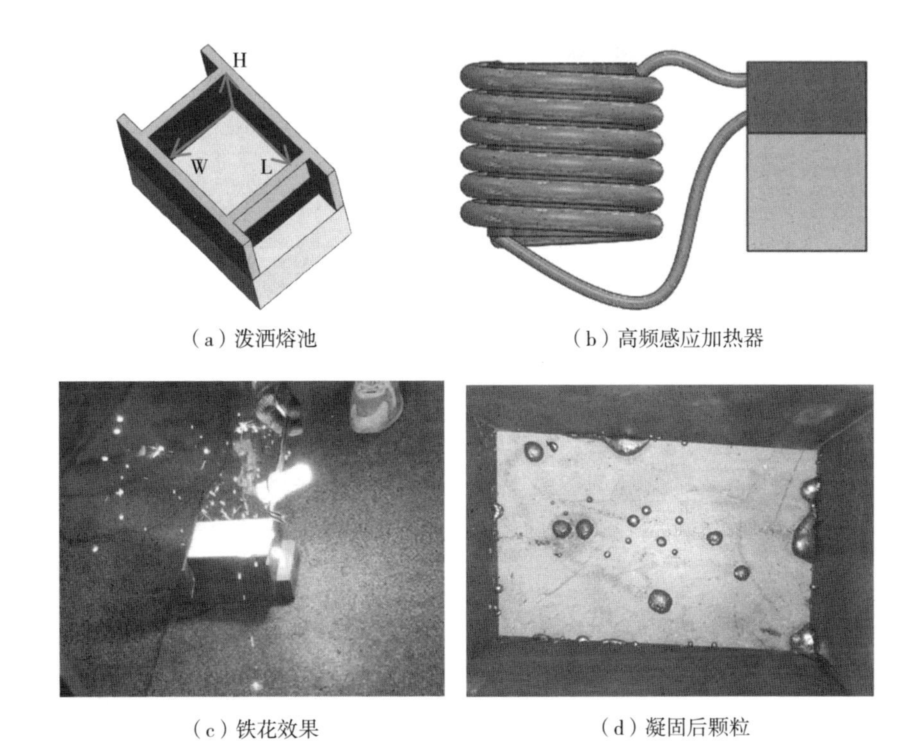

（a）泼洒熔池　（b）高频感应加热器

（c）铁花效果　（d）凝固后颗粒

图 2　试验泼洒装置示意图及效果图

从图 2 中可以看到铁花飞溅的场景，验证了向下泼洒铁水具备代替高空击打铁花的可行性。因此，将上述 4 种碳当量的铁水均加热到试验温度 1600℃，保温 5 min 后，分别泼洒向熔池，以观察铁花效果和铁水凝固后的颗粒状态。试验时，环境温度为 16℃。试验效果如图 3 所示，4 种碳分的铁花照片分别为从激起铁花开始计时，在 0.2 s、0.4 s 和 0.6 s 时的瞬间照片。

实验结果表明：C–0.5 的铁花效果非常明显，持续时间最长，达 2.5 s，为了与其他碳含量参数进行对比，照片只取前 0.6 s；C–1.1 的铁花效果次之，但也较为明显，铁花持续时间略短，约为 1 s；C–4.0 的铁花效果一般，不如上述两者明显，铁花持续时间约 0.4 s；C–4.8 的铁花效果最差，全闷在耐火板里，基本看不到铁花。

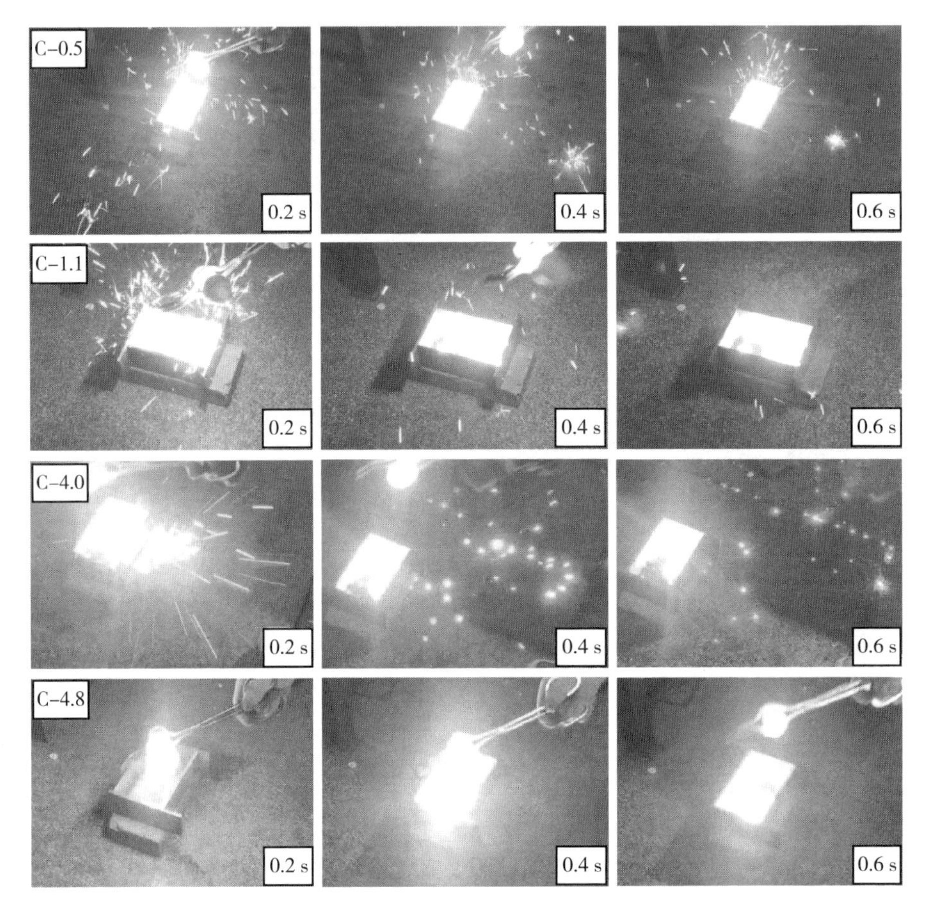

图 3　不同碳分的铁花效果图

可以看到，随着碳含量的升高，铁花效果反而下降。每组材料均做了 3 次试验，试验结果都与之相符。这种现象正好与碳含量有关，也就是说碳含量的高低会影响铁花崩裂的状态。由此可见，铁花呈现的效果理论上可以为古人提供一种辨别碳含量的方法。由于铁花瞬间飞溅消失，滞空时间短暂，无法提供给冶炼工人足够的时间去判断。所形成的铁花在肉眼鉴别下，只能粗略地判断出碳含量的高低，即铁花多表明碳含量低，铁花少表明碳含量高，却无法更精确地判断出碳含量的状态，因此这种方法只能对铁水的碳含量做大概的估算，误差较大。与此同时，实验中还观察了铁水泼洒飞溅后凝固的颗粒度，如图 4 所示。

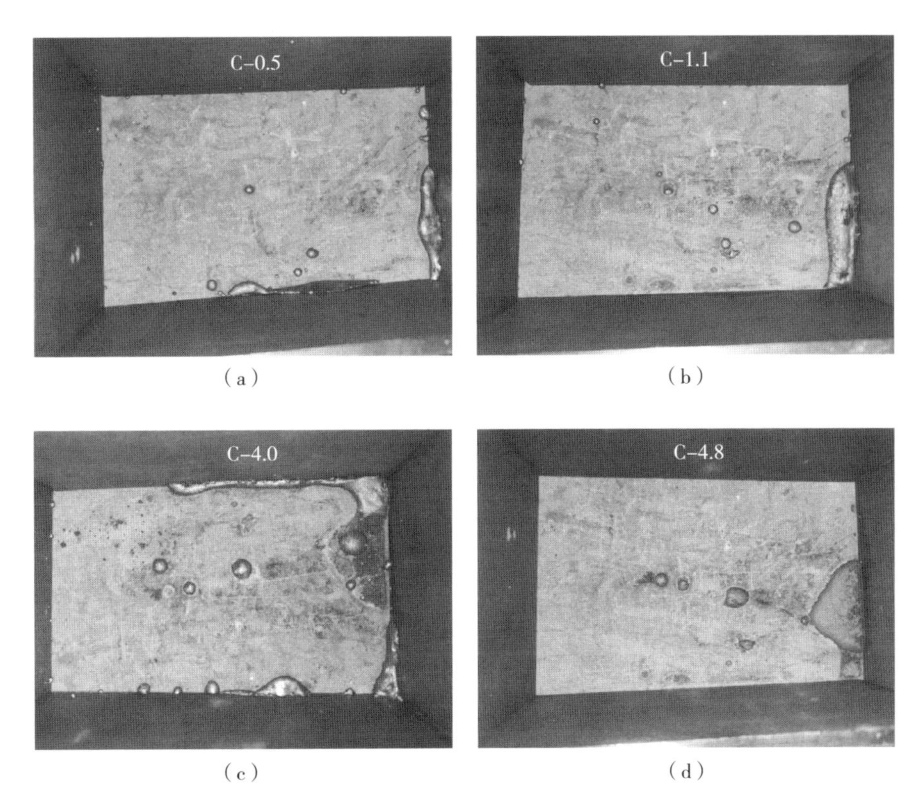

（a）　（b）　（c）　（d）

图 4　铁花凝固后的颗粒度

从图 4 中可以看到，不同碳含量的铁水泼溅凝固后的颗粒度存在很大的差别，C-0.5 和 C-1.1 在陶瓷板和四周的耐火板上喷溅有很多细小的颗粒，C-4.0 和 C-4.8 基本都是粗大的颗粒。经清理后，将凝固的颗粒进行清点和测量，数据如表 2 所示。

表 2　不同 C 含量铁水泼溅凝固后的颗粒度统计

含碳量（C%）	颗粒 /mm					颗粒总数	平均颗粒度 / mm
	＞ 10	7.5—10	5—7.5	2.5—5	＜ 2.5		
0.5	0/ 粒	1/ 粒	4/ 粒	18/ 粒	＞ 38/ 粒	61/ 粒	3.217
1.1	1/ 粒	3/ 粒	5/ 粒	24/ 粒	＞ 38/ 粒	71/ 粒	3.556
4.0	3/ 粒	4/ 粒	7/ 粒	27/ 粒	30/ 粒	71/ 粒	3.824
4.8	3/ 粒	4/ 粒	8/ 粒	30/ 粒	19/ 粒	64/ 粒	4.297

从表 2 中可以看到，C–0.5 和 C–1.1 小于 2.5 mm 的颗粒非常多，很多更细小的颗粒黏结在一起无法统计，能清楚并独立清点数据的有 38 个，因此在选取数据时用了大于 38 个的区间统计方法。但在后续计算平均颗粒度的时候，为了方便计算，数据采用 38。C–4.0 和 C–4.8 在小于 2.5 mm 的颗粒数上明显减小，大尺寸的颗粒数逐步增多。

由于不同尺寸分布的铁珠颗粒离散度大，为了更直观地理解含碳量和对应颗粒度的关系，此处特引入平均颗粒度的概念，即同一碳当量下，所有颗粒的尺寸总和除以总颗粒数，所得的平均尺寸计为这一碳当量下的平均颗粒度。

其统计方法为：平均颗粒度 = $\sum_{k=2.5}^{n} k \cdot x_k / m$（$n$ 取 2.5，3.75，6.25，8.75，10；k 为颗粒区间尺寸的平均数，取值为 n；x_k 为 k 尺寸下的颗粒数，m 为颗粒总数）；以 C–0.5 为例：

平均颗粒度 = $[0 \times 10 + 1 \times \frac{1}{2}(7.5+10) + 4 \times \frac{1}{2}(5+7.5) + 18 \times \frac{1}{2}(2.5+5) + 38 \times 2.5]/61 \approx 3.217$ mm

由此可以得出，随着含碳量的升高，4 种碳分的平均颗粒度逐步增加（3.217 mm ＜ 3.556 mm ＜ 3.824 mm ＜ 4.297 mm），不同的碳含量对应不同的颗粒度。理论上，在相同的工艺环境下，平均颗粒度与碳含量是一一对应的。这种观察颗粒度的方法也可以成为辨别碳含量的一种方式。这种方式比观察铁花效果更为精准。也就是说，观察铁花效果是视觉判断碳含量的方法，估值粗略；观察颗粒度是计算判断碳含量的方法，估值较为精准。如果古人能够将这种现象（碳含量和颗粒度一一对应）做成一套标准的对应体系表，是完全可以精准地掌控铁水的碳含量，对冶铸水平有极大的提高。

1.3 相关讨论

除上述打铁花之外，试验中还考虑了其他有可能判断含碳量的方法，即熔液色泽观察法和摩擦火星法。

（1）熔液色泽观察法。观察溶液的亮度来判断含碳量是现代冶炼工匠流传度较广的一种方法。为了验证上述方法，现将 4 种 Fe–C 合金在 1600℃时的熔液进行拍照对比，以观察熔液的颜色。试验中为了减小自然光对熔液色泽的干扰，特将熔炼装置布置成暗室，所得的照片如图 5 所示。

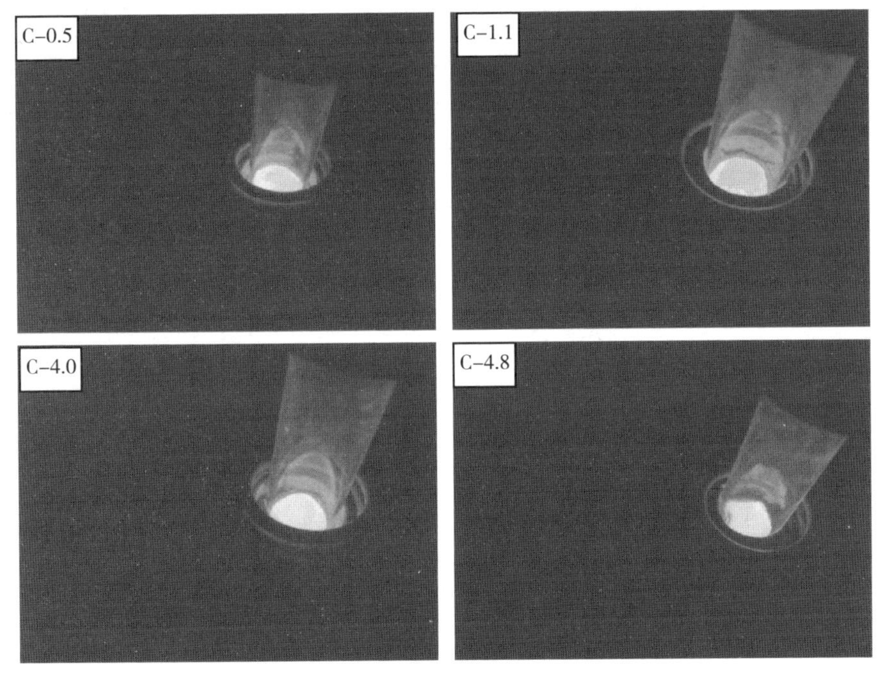

图 5 1600℃下不同碳含量铁液的照片

从图 5 中可以看到，C-0.5、C-1.1、C-4.0 和 C-4.8 的溶液色泽非常接近，溶液中出现的暗斑是温度场不均匀和石英坩埚反射的影斑所致，因此在观察溶液的亮度时，应首选最亮的部位进行比对，结果发现 4 种溶液在石英坩埚中的亮度很难进行区分。实验结果和经验方法出现了矛盾，面对这种情况，特向钢厂冶炼车间的工人师傅求证，其提供了一个非常关键的信息，当前使用的炼钢方法主要是转炉和电炉，转炉靠吹氧进行脱碳供热，电炉使用的是两极电弧放电供热，靠造渣剂进行脱碳。在供氧充足的转炉中，含碳量越高，溶液色泽越亮，且会在溶液上端冒出火苗，如果转炉不吹氧，仅靠焦炭熔炼，则观察不到这种现象，而电炉脱氧靠的是造渣剂，也观察不到色泽的变化。这条信息经过滤后可以解释为，溶液的色泽与其表面的氧化程度有关，氧化程度越剧烈，溶液的亮度越高。

经查氧化物生成自由能曲线可推测，铁水中的碳在高温下易被氧化，生成的 CO 因气体膨胀而飞溅，含碳量越高，氧化的程度和释放的热量就越剧烈，溶液的亮度自然就会提高。而在实验室的环境中，没有进行额外的供氧，仅靠石英坩埚内的少量空气与溶液进行接触，受限于高温下溶液表面与空气接触的氧量极少，其氧化放热反应并不剧烈，因此溶液观察法的现象并不明显。基于这一点，考虑到古人冶炼时也会遇到同样的状态，无论使用哪种方法炼钢，在溶液接触表面空气对流不畅的情况下，碳的氧化就不会剧烈，无法通过溶液的色泽来辨别含碳量，只有在空气对流极为畅通的情况下，相当于起到了吹氧的作用，才可以通过溶液色泽来区分含碳量的高低，也即有鼓风装置的介入，因此通过溶液色泽观察法来判别含碳量的方式具有不确定性。

同时钢厂的冶炼师傅还透露，当无法通过溶液色泽来判别含碳量时，有经验的师傅还会通过炉口观察被炉气带出的金属小颗粒，细数其在空中或落地时崩裂出开叉的火星子；或者在吹炼拉碳结束后，用舀勺取钢样，拨开表面的覆渣，以观察铁水沸腾和火星子崩裂的情况。这两种经验方法与本实验中泼洒铁水判断含碳量的本质一样，只是在观察方式上稍有差别，这说明利用铁花来判别含碳量曾作为一种经验方式被试用过。

（2）摩擦产生火星的方法。据传，现代工匠有一种判断铁丝含碳量的方法是将铁丝置于砂轮上抛磨，以观察火星的色泽来判断含碳量。那么古人有无可能用类似的方法，将铁器置于磨石上极速摩擦以产生火星来判断含碳量？通过试验发现这种方法具备一定的道理，但并不科学。具备一定的道理是因为不同的含碳量会使铁器具有不同的硬度，因此在摩擦时产生的热量或火星理论上应有差别。不科学性表现在，火星的大小和色泽不单单和含碳量有关，还与砂轮的摩擦剧烈程度和摩擦产生的界面温度直接相关，砂轮的材质、角速度、线速度还有手持的切入量等都会造成火星的大小不一，色泽亮暗不同，因此无法确认其与含碳量的关系。

由此便可做出初步推断，打铁花是一种容易判别含碳量的方式。铁花效果可作为古人视觉判断含碳量的方法，凝固后的颗粒度可作为古人计算含碳量的准则，两种方法都属于经验判断，只不过第二种方法可额外地通过计算进行精确。简单来说，打铁花就是在打含碳量。

对于文章一开始提到的青铜时代远早于铁器时代，可为何没有出现打铜花的问题，试验之前曾有过猜测，要么是铜水或许无法像铁水一样激起铜花，要么是成本的问题。可通过试验后发现，之前的猜测并不准确，铜在 1200℃时便可迅速化为铜水，经泼洒试验发现，同样可以产生铜花，如图 6 所示。那么是否是铜的成本比铁高，才导致有铁花无铜花？其实不然，铜器多数都是铸造成型，打铜花凝固后的颗粒完全可以回收重熔利用，也不存在浪费或成本的问题。

直到完成打铁花的试验后才明白，打铜花根本就没有存在的必要。因为青铜主要是铜、锡二元合金或铜、锡、铅三元合金，和铁器不同，不同含锡量的青铜所产生的色泽均不一致，且锡的加入量是提前配置好的，无须通过打铜花来估算含锡量。也正因无打铜花技艺传世，反而从侧面更加印证了打铁花就是在打含碳量。

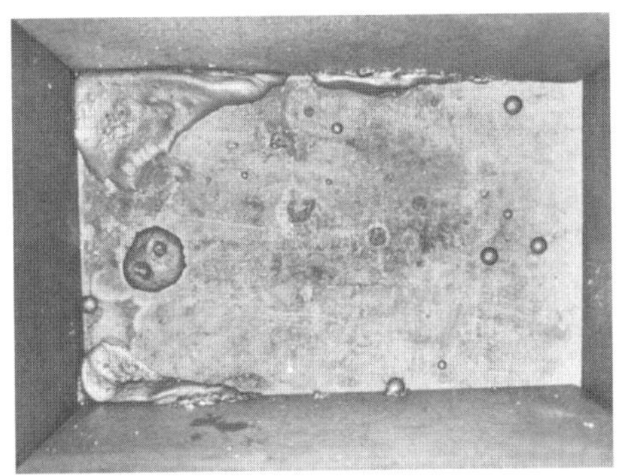

图6　泼洒铜花试验

因此，可以通过打铁花与打铜花的对比试验做出一个大胆的推论，即打铁花一开始并非源于民俗文化或祭祀等礼仪，也并非为了观赏而产生，应该是当时冶铸现场的工人判断含碳量的一种方法，观察铁花效果可以粗略地预估含碳量的高低，观察铁花凝固的颗粒度可以较为精确地判断或计算含碳量的多少。由于这种判断含碳量的方法能激起绚丽的铁花，具有非常震撼的视觉观赏性，久而久之才被人们演变为向高空击打以形成绚丽的烟火，再经过后世逐步改良后形成稳定的表演形式留存至今，演化为当地的民情风俗。

2　铁花形成机理研究

铁花是铁水高空遇冷凝固，崩裂成细小的颗粒，进而释放出绚丽可见光的过程，形似烟火。现代烟花是黑火药作燃料，具有焰色反应的金属作发光剂，药引引燃火药和发光剂后发出可见光的过程。前者和中国冶铁技术有关，是物理变化，属散热过程；后者起源于中国传统爆竹，是化学变化，属发热过程。化学反应引发的烟火尚好理解，但铁水仅靠凝固就实现了铁花的绽放，其形成机理就显得颇为神秘。下文将结合打铁花试验和材料科学的知识共同对铁花形成机理进行深入探讨。

打铁花试验中发现一种现象：铁花的绽放不是一次性的，而是在一定的时间段内分批次，此消彼长地释放。为了研究清楚铁水从1600℃的液态到凝固过程中究竟发生了什么，文章将以 Fe–C 相图为基础，从流动性、金相组织结构和相变应力 3 个维度对铁水从高温冷却进行温降追踪，并分析 3 个温降阶段中的铁花形成机理，为了便于理解和展示，Fe–C 相图在二元相图基础上采用手绘形式进行讨论。

2.1　流动性对铁花形成的影响

第一个温降阶段应是液态铁水高温凝固的过程，这一阶段对应于图 7 Fe–C 相图的 1600℃线和固相线（JEF 线）之间的区域。为了方便理解，在图 7 中分别标注了 4 种碳分的冷却曲线。众所周知，在相图中越靠近共晶点，液体的流动性越好；越远离共晶点，液体的流动性越差。结合试验现象来看，远离共晶点的低碳分位置，C–0.5 和 C–1.1 的铁花效果较好；在接近共晶点的高碳分位置，C–4.0 和 C–4.8 的铁花效果最差。显然，铁液的流动性与铁花效果有着密切的联系。

究其原因可知，铁液的流动性靠过热度和初生相两个因素来控制，这里的过热度是指熔点与实际熔炼温度之间的差值，用 Δ℃表示，详见图 7。过热度越小，初生相析出越早，进而导致流动性变差。具体来说，在相图中 4 种碳分的过热度依次为 $\Delta ℃_{0.5} < \Delta ℃_{1.1} < \Delta ℃_{4.0} \approx \Delta ℃_{4.8}$。C–0.5 的过热度最小，在冷却过程中优先析出初生相，流动性开始变差，液 – 固混合程度变高，在遭受外力击打时形成的铁花颗粒容易分散细碎，铁花效果最好。同理，C–4.0 和 C–4.8 的过热度均较大且接近，意味着初生相析出的时间最晚，在外力击打的瞬间，其液 – 固混合的程度最低，甚至还处于液态，流动性非常好，破碎形成的颗粒或液滴就容易凝聚长大，不易分散，铁花效果最差。

由此可见，铁液的流动性与铁花效果确实有着逻辑影响，流动性越好，受外力影响越小，铁花效果越差；反之，流动性越差，受外力影响越大，铁花效果越好。这里的铁花形成过程是在第一个温降阶段，所形成的固相在高温阶段均为初生相，因此称为初生相铁花，也可以定义为一次铁花，这一阶段的铁花经过外力作用而飞溅至空中，数量多，温度高，亮度大，C–0.5 的一次铁花效果最好，C–1.1 的铁花效果次之，C–4.0 的和 C–4.8 的效果均较差。

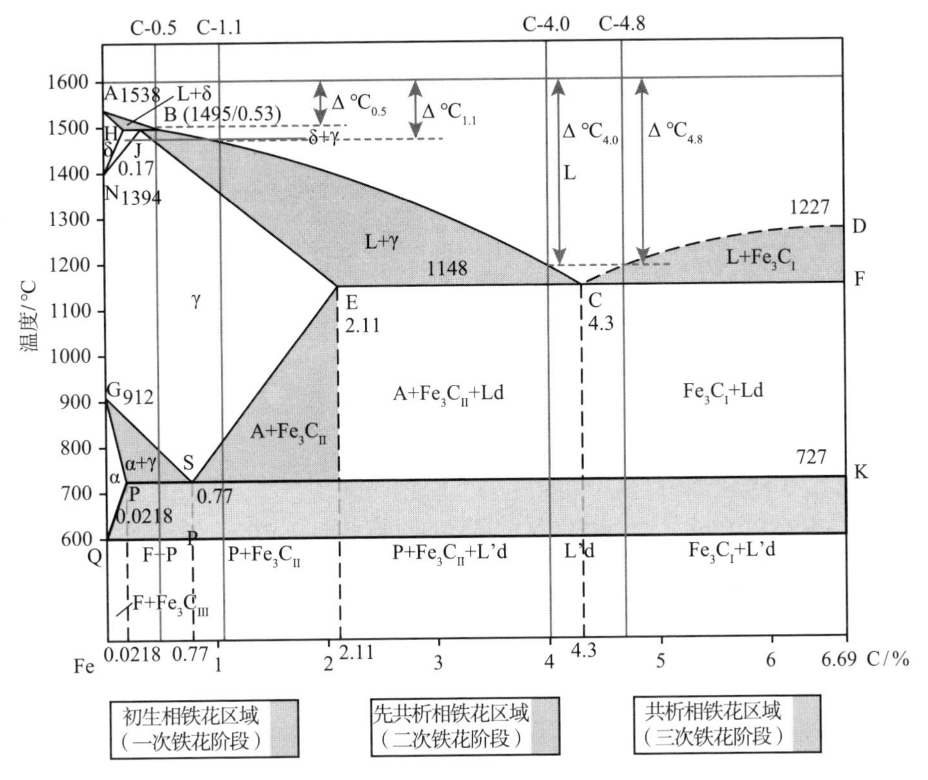

图 7　4 种碳分在 Fe–C 相图中的位置

此时 4 种碳分的初生相均为不稳定态，C–0.5、C–1.1 和 C–4.0 的初生相为奥氏体，C–4.8 的初生相为一次渗碳体。随着温度的降低，直至共晶反应，初生相将进行固相转变。

2.2　金相组织对铁花形成的影响

上述第一个温降阶段使液态铁水凝固为高温的固态初生相，初生相颗粒在高空中继续冷却便进入第二个温降阶段，开启了初生相的固态转变，对应相图的固相线（JEF）和共析反应（PSK）之间的区域。随着温度的继续降低，4 种碳分的初生相将析出先共析相，先共析相会改变铁粒的内部组织，进而影响铁花的形态，这一步发生在共晶反应之后，共析反应之前。为了了解这一步对铁花形成的影响，将 4 种铁粒镶样后，做金相观察，腐蚀剂为 5% 的硝酸酒精，金相如图 8 所示。

从图 8 中可以明显地看到 C–0.5 由铁素体和珠光体组成，铁素体处于晶界

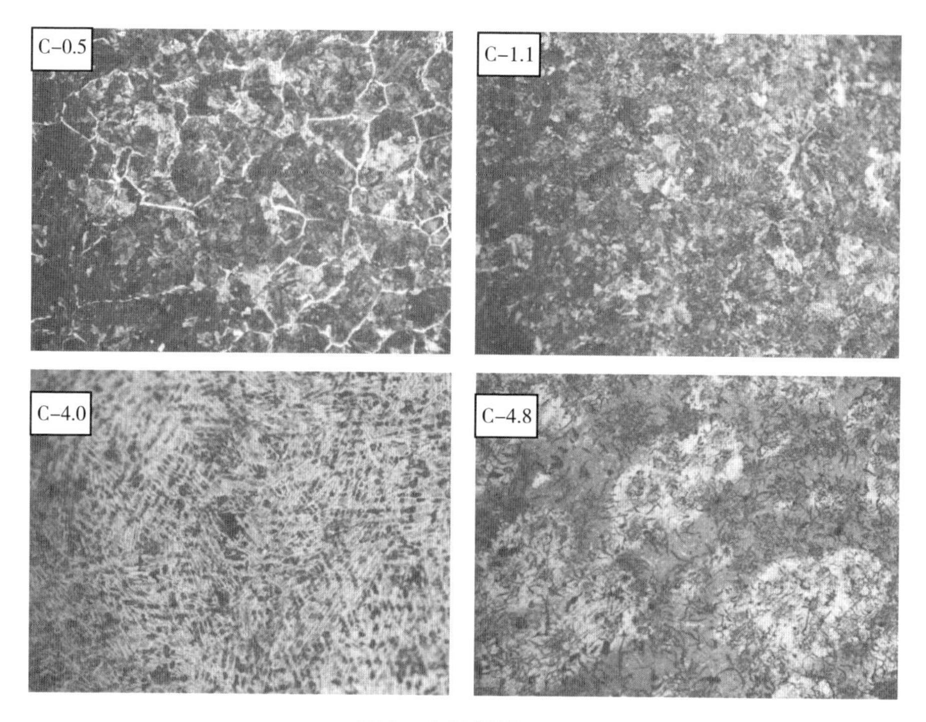

图 8　金相组织 ×200

处；C-1.1 的晶界不明显，调整腐蚀时间后晶界依然腐蚀不出来，但根据过共析钢中渗碳体不易受硝酸酒精腐蚀的特点来判断，亮色的组织应为渗碳体，色泽偏暗的组织应为珠光体；C-4.0 的组织为珠光体 + 渗碳体 + 变态莱氏体，由于靠近共晶点，变态莱氏体的组织占比很大；C-4.8 的组织为变态莱氏体 + 一次渗碳体，由于碳含量过高，在一次渗碳体中已经开始析出大量的片状石墨。

对金相组织进行初步观察后，发现并没什么特别之处，都符合各区间的铸态组织形貌，但考虑到试验中采取的是从高温液态直接泼洒到熔池中的试验条件，这样的过冷度要远远大于平衡状态下的过冷度，因此将金相组织再放大倍数仔细观察后发现，亚共析钢 C-0.5 和过共析钢 C-1.1 中的先共析相均出现了异于铸态平衡组织的形貌，如图 9 所示，而亚共晶铸铁 C-4.0 和过共晶铸铁 C-4.8 中没有特别发现。

首先观察 C-0.5，先共析相为铁素体，呈针叶的羽毛状分布于晶界，并向珠光体基体内生长，这种形态的组织在光镜下就可以清晰地辨别，是典型的魏氏组织特点，故为铁素体魏氏组织。然后，再观察 C-1.1，在放大倍数的情况下，

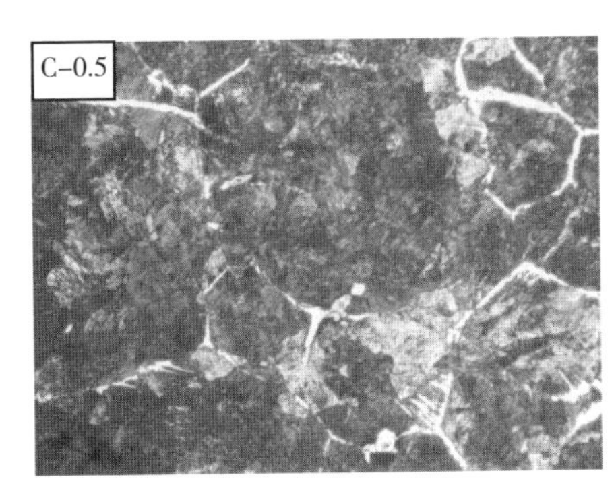

图 9 金相组织 ×500

珠光体和渗碳体的晶界虽显现出来，但依然模糊，渗碳体呈粗大的针片状分布，中间夹有珠光体，这应是渗碳体从晶界析出后，由于过冷度适合，部分按切变机制从晶界开始向珠光体基体内生长，破坏了原始晶界，形成粗大的针片状组织，这也是导致晶界模糊的直接原因，由于先共析相为渗碳体，组织为渗碳体魏氏组织。通常情况下，魏氏组织对钢铁来说是一种有害组织，无论先共析相为铁素体还是渗碳体，都会以针片状伸向晶体，并在晶界处引起应力集中，形成易脆面，对钢铁的冲击韧性影响最大。但对于打铁花来说，魏氏组织反而成了有利组织，其存在使得组织的冲击韧性变差，在遭受击打时更易破碎。

通过上述分析，结合相图可以得知，在初生相（一次铁花）形成之后，共析反应之前，4 种碳分的初生相均开始析出先共析相，C–0.5 的先共析相为铁素体魏氏组织，C–1.1 的先共析相为渗碳体魏氏组织，C–4.0 和 C–4.8 先共析相均为渗碳体，渗碳体含碳量过高，因此不会出现魏氏组织。由于 C–0.5 和 C–1.1 中魏氏组织的存在，导致其抗冲击韧性极差，在经受外力冲击的情况下，初生相铁花极易二次破碎而分散开来，形成更细小的铁花，因此这一温降阶段产生的铁花可以定义为先共析相铁花或二次铁花。由于温度降低，铁花的亮度也有所减弱，此时 C–0.5 和 C–1.1 的一次铁花和二次铁花相互叠加，效果更加显著。而 C–4.0 和 C–4.8 由于没有二次铁花的叠加，铁花依然维持着高温阶段的一次铁花，效果大打折扣。

2.3 相变体积应力对铁花形成的影响

随着温度的继续降低，4 种碳分将进入第 3 个温降阶段，这一阶段对应相图的共析线（PSK）和 600℃线之间，这个区间剩余的奥氏体将全部转化为珠光体，并继续析出渗碳体。珠光体是铁素体和渗碳体的机械混合物，由于奥氏体是面心立方结构（f.c.c），铁素体是体心立方结构（b.c.c），面心立方的致密度大于体心立方，因此从高温冷却下来，奥氏体转变为先共析铁素体或珠光体时，体积就会增大。体积变化的幅度如图 10 所示。

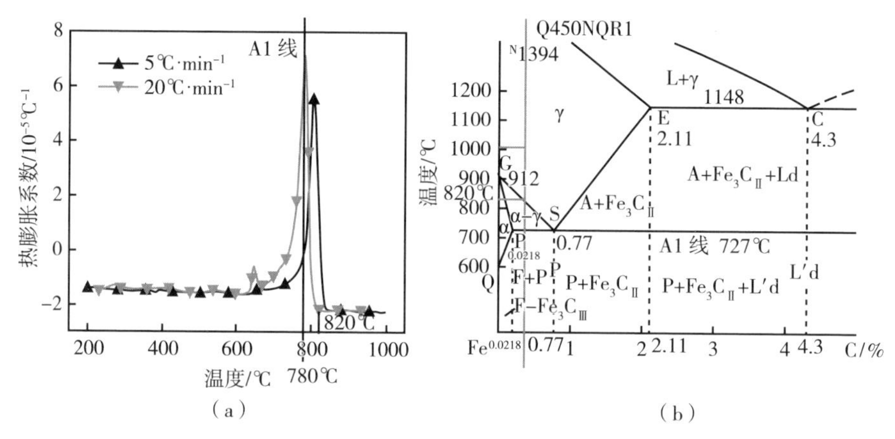

图 10 奥氏体在不同冷却速度下的热膨胀系数及相图

图 10（a）为亚共析钢 Q450NQR1 铸坯从奥氏体区间 1000℃保温，在 2 种冷速下持续冷却至 200℃的热膨胀系数曲线[7]，以 ─▼─ 形式的热膨胀系数曲线为例，其降温速率为 20℃ · min^{-1}。可以看出，热膨胀曲线分为两个阶段，第一个阶段为体积增加阶段，从 1000℃冷却下来，在 820℃时体积开始显著增加，并在 780℃左右时体积增幅最大，随后进入第二阶段，体积开始减小。对应于相图可知，如图 10（b），1000℃下的铸坯为奥氏体，随着温度的下降在 820℃左右时触碰到 A3（GS 线），铸坯开始析出铁素体，此时面心立方结构转变为体心立方结构，相变体积开始增加，（a）、（b）两图正好对应。随后温度继续下降至 727℃左右时，触碰到 A1 共析线，剩余奥氏体全部转化为珠光体，此时体积增幅应该最大，但这时两图出现了矛盾，热膨胀曲线实测中体积最大处的温度在 780℃左右，而相图中的理论体积最大增幅温度（即共析反应温度）应在 727℃，出现这种现象的原因是由于相图显示的是平衡态的转变，而热膨胀试验中存在的过冷度远高于平衡态，致使共析线上移[8]。另外，铁液中的合金成分，如 Si、Ti 等元素也会缩小奥氏体相区，使得共析线上移[9]，两者共同作用致使 A1 线偏离了 727℃，至 780℃附近。由此可见，两图的相变规律和体积变

化依然吻合。

经对图 10（a）测算，奥氏体经铁素体，再到珠光体的转变，即从 1000℃降温至 200℃，热膨胀系数最小值与最大值差了将近 4 倍，这样的体积增幅足以在内部形成极大的应力，促使铁粒发生第三次崩裂，这次崩裂发生在共析反应之后，因此这一温降阶段的铁花可以定义为共析铁花或 3 次铁花。此后温度继续降低，不再有新的相变和体积变化，过低的温度也不会使铁花释放出光亮，铁花绽放自此结束。在共析反应之前，剩余奥氏体的残存量由相图可推断出：C–0.5 > C–1.1 > C–4.0 > C–4.8，因此第三次共析铁花的相变应力和崩裂程度也应该是 C–0.5 > C–1.1 > C–4.0 > C–4.8。

3 个温降阶段所形成的初生相铁花，先共析相铁花和共析铁花均可在试验的现象中予以发现，如图 11 所示。图 11 中（a）、（b）、（c）、（d）分别为亚共析钢在激起铁花后 0.1 s、0.5 s、1.0 s 和 1.5 s 的铁花效果图。

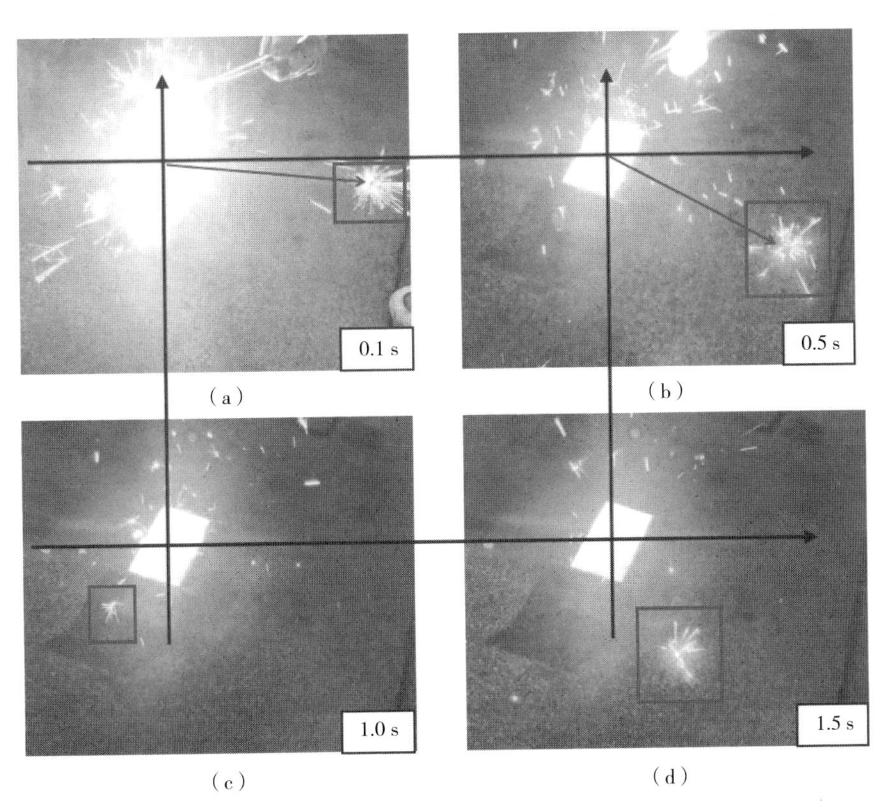

（a）　（b）　（c）　（d）

图 11　铁花在三个温降阶段的展示

为了方便比对观察，用九宫格法代替坐标轴，将 4 个不同时间段的铁花分区并选取一小块进行观察，详见红色方框内的铁花。在 0.1s 铁花炸开之后，于第二象限崩出的铁花与 X 轴夹角约为 6°，此后铁花消失，这一阶段呈现的铁花数量最多，亮度最高，应是初生相铁花（一次铁花）的效果。在 0.5 s 时，第二象限崩出新的铁花，与 X 轴夹角约为 28° 后消失，在 1.0 s 的第三象限又崩出新的铁花，最后在 1.5 s 的第二象限再次崩出新的铁花。从 0.5 s 到 1.5 s 的铁花效果应该是先共析相铁花（二次铁花）和共析铁花（三次铁花）的叠加，铁花亮度依次减弱。先共析相铁花（二次铁花）是由魏氏组织引发，但魏氏组织的出现本身就处于相变之中，也受相变体积应力的影响，因此先共析相铁花（二次铁花）和共析铁花（三次铁花）有很大的重叠部分，且以后者为主。

综上可知，通过对铁花从高温液态到低温固态的全温降阶段动态跟踪，得出铁花效果由初生相铁花（一次铁花）、先共析相铁花（二次铁花）和共析铁花（三次铁花）组成，3 个阶段的铁花形成原因各有不同。一次铁花受控于铁水的流动性，含碳量越低，流动性越差，铁花效果反而越好。二次铁花和三次铁花是在一次铁花的基础上，通过魏氏组织和相变应力引发的再次崩裂，二次铁花只存在于亚共析钢和过共析钢中，三次铁花又以亚共析钢的相变应力最大，因此 3 个阶段的铁花叠加之后，含碳量低的亚共析钢，其铁花崩裂效果最好。

本试验立足于现代打铁花工艺，按碳含量从低到高选取了 4 种碳分，布满相图的四段，仅为验证含碳量的高低与铁花效果的关系。虽然亚共析钢的铁花效果最好，但古人的炼铁技术受制于燃料和温度，未必能达到亚共析钢的熔炼水平，但在其掌握的熔炼成分范围内，应能通过打铁花来打含碳量，其方法还是相通的。

3 总 结

本研究通过模拟打铁花试验，发现了不同含碳量的铁水具备不同的铁花效果和颗粒度，铁花效果可以用来初步判断铁水含碳量，颗粒度可以较为精准地判断铁水含碳量。同时运用材料科学的知识，对铁花形成机理进行讨论，发现铁花由初生相铁花，先共析相铁花和共析铁花叠加而成，并通过 Fe–C 相图，金相组织和相变应力从三个角度阐述了不同温降阶段的铁花形成原因，得出含碳量与铁花效果存在逻辑关系的结论，进而推论出打铁花即是在打含碳量，并由此慢慢地衍变成了民俗表演形式。

致谢：感谢西安交通大学张贵锋教授和刘旭为本试验提供的帮助，感谢华觉明研究员、谭德睿研究员和廉海萍研究员为本论文提供的指导。

参考文献

[1] 赵畅．攸县打铁水技艺的传承与发展［J］．大众文艺．2017,(5)：43.
[2] 朱东亮．确山铁花的研究与保护［D］．郑州：郑州大学，2010．57.
[3] 郭圆圆．文化旅游视角下打铁花民俗文化的传承研究［J］．晋城职业技术学院学报．2020，13（3）：1-3.
[4] 原佳丽．泽州打铁花的传承与发展——以来村打铁花为例［J］．晋城职业技术学院学报．2015，8（3）：1-3.
[5] HAN RUBIN.The Development of Chinese Ancient Iron Blast Furnace［A］．the Forum for the Fourth International Conference on the Beginning of the Use of Metals and Alloys (precedings)［C］．Shimane，Japan．Jan.16-17，1998．151-174.
[6] 姬晓玲，史海浪．米脂铁水打花［N］．榆林日报，2010-04-21（6）.
[7] 龙木军，董志华，陈登福，等．基于热膨胀法与相体积计算模型研究连铸坯冷却过程中奥氏体相变行为［J］．工程科学学报．2015，37（4）：441-446.
[8] 李俊杰，GODFREEY ANDREW，刘伟．奥氏体化与冷却速率对过共析钢组织的影响［J］．金属学报．2013，49（5）：582-592.
[9] 倪红军，黄明宇．工程材料［M］．南京：东南大学出版社，2016：70-79.

A Study on the Origin and Function of Traditional Folk about *Datiehua* and Its Formation Mechanism

ZHANG Kai

(Shanghai Museum, Shanghai 200030, China)

Abstract: *Datiehua* is a popular folk performance style in Shanxi, Henan and Shandong areas. Up to day, there isn't any relevant scientific research on its formation and development. In this study, It is found that the effect of *Datiehua* and particle size are closely related to carbon content through the observation and measurement. The carbon content can be preliminary determined by the effect of *Datiehua*, and be more accurate determined by the particle size. Combined with the experiments and folk performances, it is concluded that *Datiehua* should be a method for ancient smelters to judge the carbon content of molten iron, and its appearance time should be after steel pouring technology, and it is likely to be in the same era with the crucible iron-making technology. At the same time, this study will also discuss the formation mechanism of *Datiehua* through three parts: Fe–C phase diagram, metallographic structure and phase transformation stress, and draws the conclusion that the visual effect of *Datiehua* is the superposition of three stages.

Keywords: *Datiehua*; carbon content; crucible iron-making; mechanism of *Datiehua*

拱形木扇制作方法

刘培峰　魏建平

（景德镇陶瓷大学考古文博学院，景德镇，333403）

摘要：国内外学者对木扇的研究主要根据图画对其结构和使用方法进行科学推测。文章依据在田野调查中发现的木扇实物进行复原。该木扇为上下不同弧度的拱形结构，纵截面是梯形，横截面是拱形，需要以 4 块梯形木板和有弧度的木条为主形成主体结构，木板起到加强和密封的作用。

关键词：木扇；拱形结构；制作方法

0　引　言

木扇是中国古代皮囊之后，双作用活塞式风箱出现之前的代表性鼓风器，是中国古代重要的发明创造之一[1]。木扇也被称为单作用活塞式风箱，为了与民间传统的风箱（双作用活塞式风箱）相区别，本文中使用木扇这一名称。

关于木扇的发明年代和早期使用历史尚存在争议，而关于木扇的材质、形状和结构，国内外学者杨宽[2—4]、李崇州[5, 6]、刘仙洲[7]、李约瑟[8]、华觉明[9]等人依据《农书》《农政全书》《武经总要》《熬波图》及敦煌《榆林窟》中的图画进行了复原，对木质还是皮质、长方形还是梯形以及是否安装逆止阀等问题进行了有意义的探讨。根据图画所作的分析难免会因为画图人的局限性而出现失真问题。相比于图画，传统工艺中使用的实物应该更具说服力。

2012 年，笔者在山西省晋城市泽州县大东沟镇段都村调查传统圆炉炼铁

作者简介：刘培峰，山西省代县人，博士，毕业于北京科技大学科技史与文化遗产研究院，景德镇陶瓷大学考古文博学院讲师，主要研究方向为技术史、传统工艺、技术与社会等。魏建平，山西省大同市人，硕士，毕业于中国科学技术大学科技史与科技考古系，景德镇陶瓷大学考古文博学院助教，主要研究方向为技术史、传统工艺、文物保护。

时，匠人张小吹帮助找到了 20 世纪 50 年代使用过的木扇鼓风器（图 1）。据张小吹介绍，这种木扇主要用在当地传统的圆炉炼铁中，因为木扇的风压、风量较大。木扇一般是两扇一起安装在砖石砌成的 3 堵墙内，一推一拉实现不间断鼓风。由于在推拉的过程中，木扇与四周的墙体摩擦，时间长了会漏风，降低风压。为了解决这一问题，当地人把牛粪和水混合、搅拌后形成的浆涂抹在木扇两边起到密封和润滑的作用，因此，木扇在当地也被称为“牛屎鞴”。

这是目前学术界第一次发现的木扇实物，其结构、性能和加工、使用方法对古代鼓风器的发展史研究具有重要的历史和科学价值。

新发现的木扇整体呈上下不同弧度的拱形结构，纵剖面是梯形，横截面是拱形（图 2、图 3）。木扇底部弧形两端点之间的弦长为 59 cm，该线中点距离内弧中点距离为 5 cm，经计算底部内弧长为 61 cm。木扇顶部弧形两端点之间弦长为 43.5 cm，该线中点距离内弧中点距离为 3.7 cm，经计算顶部内弧长为 45 cm。

图 1　晋城木扇外面

图 2　木扇（外面朝上）

图 3　木扇（里面朝上）

1　原料准备

以新发现的木扇为例，其制作需要的原材料有以下几种。

（1）4 块梯形木板（图 4），高 78 cm，上底 11 cm、下底 15.5 cm，厚 1 cm—1.5 cm。

图 4 木板 1

（2）木条 1 根（图 5），长 63 cm，横截面为边长为 7 cm 的正方形。

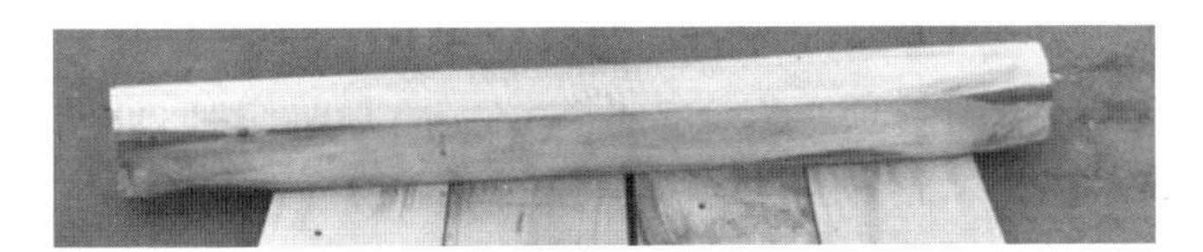

图 5 木条 2

（3）木条 1 根（图 6），长 60 cm，横截面为边长 8 cm 正方形。如果有弧度接近 1.01 rad 的木条更佳。

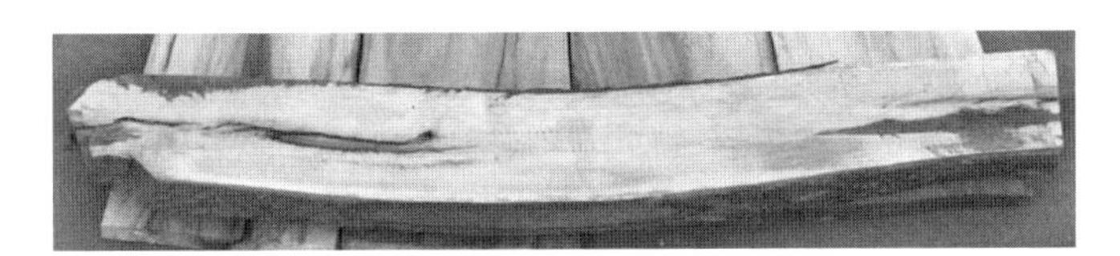

图 6 木条 3

（4）木条 1 根（图 7），长 43 cm，宽 10 cm，厚 1 cm—1.5 cm。

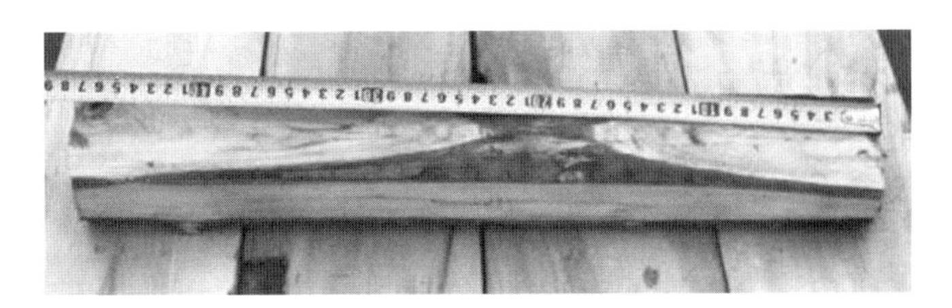

图 7 木条 4

（5）长木条 2 根，长 76 cm，宽 5 cm，厚 1 cm—1.5 cm。

（6）木条 2 根，长 25 cm，宽 5 cm，厚 1 cm—1.5 cm。

（7）木条 3 根，长 31 cm，宽 5 cm，厚 1 cm—1.5 cm。

（8）带尖的铁圈 2 个。

（9）蚂蟥钉 6 个，其他钉若干。

2 制作过程

第一步，在木条 2 中部凿出内弧长 62 cm 的拱形孔，并钉入木板。

在木条 2 的一个长方形面的一条长边上距底 1 cm 处画出两边转轴的长度（9.5 cm），中间空出略大于 44 cm 的拱形底部。把中间部分的左右两点标明，并找到中点，在中点之上 3 cm 处标点（图 8）。

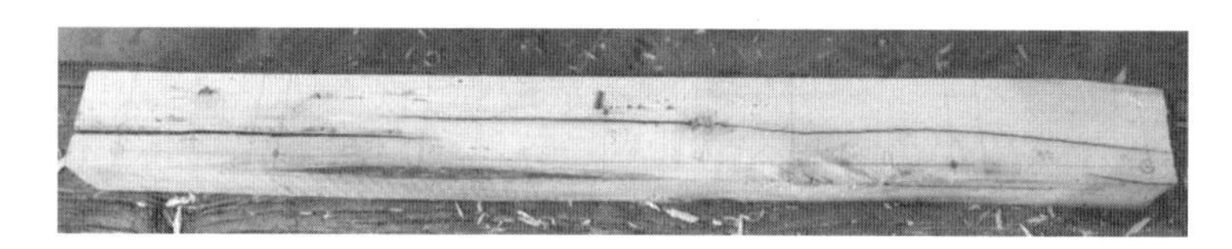

图 8 在木条 2 上标点

用柔韧性较好的木板或树枝紧贴以上 3 点形成拱形，并用笔沿木板或树枝在木条 2 上画出这一弧线，再以 2 cm 为距在该弧之上画另一条弧线（图 9）。

图 9 画弧线

用凿子凿出两弧线之间的凹槽，深 2 cm（图 10）。完成之后，把木板 1 上底相连插入木条 2 的凹槽中（图 11）。

图 10　凿弧形凹槽

图 11　在木条 2 中钉入木板 1

由于木板 1 是直板，在钉入弧形凹槽时槽的宽度要略大于木板的厚度，所以在画弧线时两条弧线的距离（2 cm）大于木板的厚度（1 cm—1.5 cm），而且在钉入过程中还需要对凹槽的局部宽度进行修正，以便能顺利钉入木板 1。由于以上原因扩大了弧线中心点与底的距离，可以达到原 3.7 cm 的要求。钉入木板之后，在木板与木条 2 连接处用楔子支撑，以调节木扇雏形的弧度，使底部内弧的弧高为 5 cm。

图 12　钉入木板之后

第二步，加工木扇中下部的方孔。在木扇雏形外面中下部距离底部左右两端（因为此时底已经是弧形，之后的加工将把底部锯平）12.5 cm 处画出边长为 20 cm—21 cm 的正方形。该正方形距离左右两边基本相等（图 13）。正方形的每个直角都做成委角，这样用布做的活门就不易卡在直角里影响鼓风。

图 13　画出方孔

把木板 1 从木条 2 上取出，用旋锯锯掉木板上画好的八角形，形成方孔（图 14、图 15）。

图 14　锯方孔

图 15　锯好的方孔

第三步，加工拱形木条。在木条 3 的一面底边标出左右两端和中间点，在中间点正上方 5 cm 处标点（图 16）。

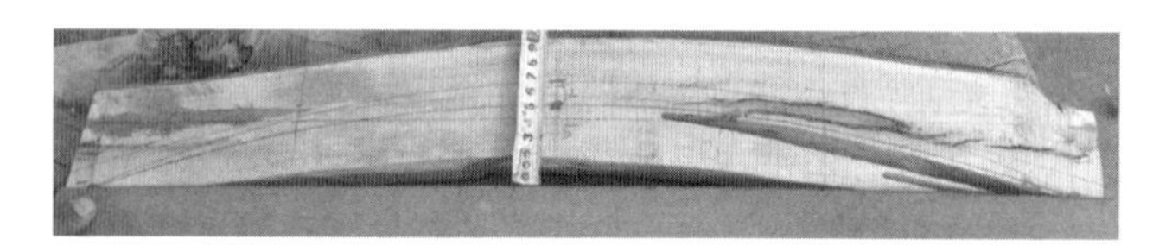

图 16　在木条 3 上标点

用柔韧性较好的木板或树枝紧贴以上 3 点形成拱形，用笔画出这一弧线。再在这一弧线之上 2 cm 处画一弧线（图 17）。

沿着这两条弧线大致锯出拱形板，再用刨子和木锉加工对应的弧度（图 18、图 19）。

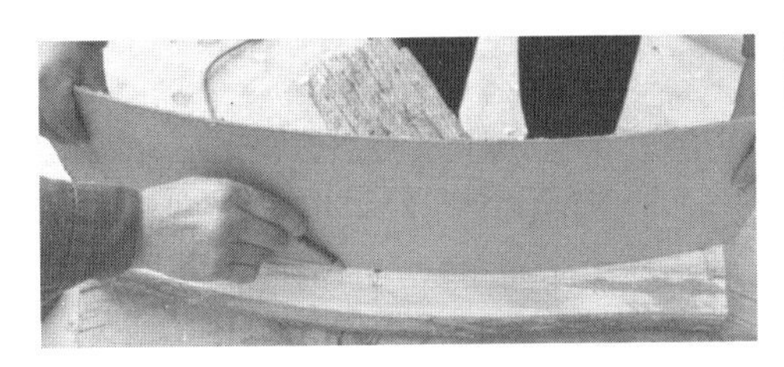

图 17 画弧线

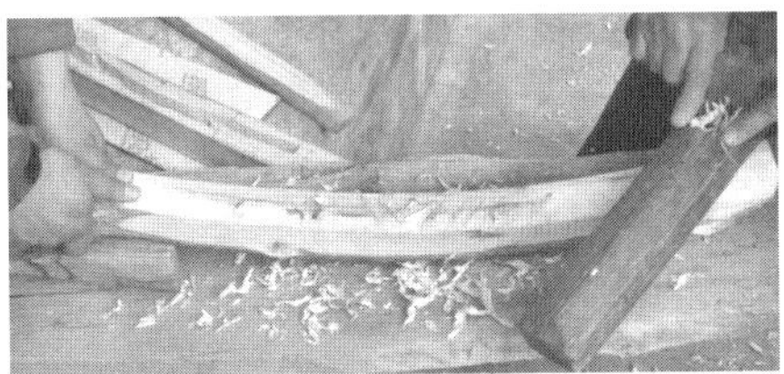

图 18 加工拱形木条

图 19 制作完成的拱形木条

木条 4 的加工方法与此相同，只是弧度略小。

第四步，组装。先把木板 1 依次插入木条 2 的弧形槽中，再翻过来里面朝上在底部钉木条 3（图 20）。

上下拱形都固定好了之后加钉左右两边的长木条 5，完成四周的固定。接着，在两根木条 5 之间紧挨着方孔上边钉木条 4（图 21）。

图 20 钉木条 3

图 21 钉木条 4

之后，将木条 6、木条 7 逐一钉在上下部木板接缝的外面。

组装完成之后，锯掉伞形木板下部和其他多余部分。

第五步，加固。上中下两边各用一个玛簧钉钉牢，以保证木扇不变形。上部钉子的两头分别钉在木条2和木条6之上，中部分别钉在木条6和木条4之上，下部钉在木条6和木条3之上。这样不仅使木扇更加牢固，而且加强了它的机械强度。

第六步，加装。在木条 3 的中间距底 4 cm 处钉入铁圈 2 个，相距约 11 cm，铁圈用来连接人工操作的推拉柄。在木条 4 的中部（距方孔上边 5 cm 处）钻 2 个相距约 10 cm 的孔，以手指粗为宜。用绳子把用油布做好的活门挂在木扇里面（图 22、图 23）。

图 22　复制好的木扇外部

图 23　复制好的木扇内部

3 结　论

新发现的木扇并不是长方形，也不是平板，而是上下不同弧度的拱形结构。用木材制作以上结构，需要 4 块梯形的木板构成上下不同弧度的拱形结构，3 条弧形板形成上下不同的弧度，木板、蚂蟥钉起到稳定、加固和密封的作用。木扇外面下部的铁圈与推拉柄相连接，挂在里面的活门在拉的时候打开进风，在推的时候关闭达到鼓风的效果。

作为一种已经退出历史舞台的鼓风器，其制作工艺也早已失传，本次复制是根据实物结构，运用传统木工技艺尽可能地还原古代制作方法，具有一定的保存和保护价值。

参考文献

[1] 梅建军. 古代冶金鼓风器械的发展 [J]. 中国冶金史料，1992（3）：44–48.
[2] 杨宽. 我国古代冶金炉的鼓风设备 [J]. 科学大众，1955（2）：73–74.
[3] 杨宽. 关于水力冶铁鼓风机“水排”复原的讨论 [J]. 文物，1959（7）：48–49.
[4] 杨宽. 再论王桢农书“水排”的复原问题 [J]. 文物，1960（5）：47–49.
[5] 李崇州. 古代科学发明水力冶铁鼓风机“水排”及其复原 [J]. 文物，1959（5）：45–48.
[6] 李崇州. 关于“水排”复原之再探 [J]. 文物，1960（5）：43–46.
[7] 刘仙洲. 中国机械工程发明史 [M]. 北京：科学出版社，1962. 51–54.
[8] 李约瑟. 中国古代对机械工程的贡献 [A]. 潘吉星：李约瑟文集，沈阳：辽宁科学技术出版社，1986. 933.
[9] 华觉明. 中国古代金属技术——铜和铁造就的文明 [M]. 郑州：大象出版社，1999. 330.

Method of Making Arched Wooden Fans

LIU Peifeng, WEI Jianping

(School of Archaeology and Museology, Jingdezhen Ceramic University, Jingdezhen 333403, China)

Abstract: Pictures was the basic information of domestic and foreign schools when they speculate scientifically on the structure and usage of wooden fans. This article is based on the physical objects of wooden fan discovered in field investigations and restored. The wooden fan has an arched structure with different arches from top to bottom, with a trapezoidal longitudinal section and an arched transverse section. The main structure needs to be formed by four trapezoidal wooden boards and curved wooden strips, which play a role in strengthening and sealing.

Keywords: wooden fan; arch structure; production method

内画鼻烟壶技艺的传承路径探索研究

胡丹琦　潜　伟　魏　东

（北京科技大学科技史与文化遗产研究院，北京，100083）

摘要： 明万历九年，鼻烟从西方传入中国。随着鼻烟的受宠，内画鼻烟壶的出现赢得了社会上流阶层的喜爱。经历 200 年的发展，内画技艺逐渐形成了京、冀、鲁、粤等派系。内画技艺在不同的历史阶段呈现出不同的传承路径，包括家传制和师徒制的封闭传承、合作组织的半开放传承、多元的开放传承等。由于工业化文明的影响，当前内画技艺面临传承人员逐渐减少、市场逐渐萎缩的困境。文章把各派技艺视作一个整体，探讨内画技艺与其所处社会环境的关联，探索文化繁荣的可持续传承路径。

关键词： 内画鼻烟壶；内画技艺；传统工艺；传承与发展

0　引　　言

“鼻烟来自大西洋意大利王国，明万历九年，利玛窦泛海入广东，旋至京师献方物，始通中国[1]。”鼻烟进入中国时并无固定容器，以玻璃容器为主。在出售时以小药瓶分装方便携带使用，初始称“鼻烟瓶”，后改称“鼻烟壶”。目前已知中国存世最早的鼻烟壶，为清初顺治时期的 20 多件铜雕云龙鼻烟壶，上面装饰有龙云纹饰和制作者“程荣章”的款识，如图 1 所示[2]。

受鼻烟在当时的受宠程度和外来精致烟瓶的影响，鼻烟壶逐渐艺术化，成为馈赠佳品和达官贵人的身份象征。各种玉石类、玻璃类、瓷器类、金属类、金属胎珐琅类、竹木、牛角、漆器类材料经过中国能工巧匠之手制成的鼻烟壶

作者简介： 胡丹琦，山东省淄博市人，北京科技大学博士研究生，研究方向为传统工艺、文物数字化研究；潜伟，江西省赣州市人，北京科技大学科技史与文化遗产研究院院长、教授、博士生导师，主要研究方向为冶金技术史、工业遗产、科技与社会；魏东，河南省人，北京科技大学科技史与文化遗产研究院副教授，主要研究方向为传统工艺、文化遗产、博物馆展陈设计。

图 1　清初顺治时期铜雕云龙鼻烟壶

成为集中国工艺美术之大成的袖珍艺术。

到 20 世纪初，随着人们对鼻烟的兴趣逐渐减弱，鼻烟壶生产每况愈下。嘉庆年间出现的内画鼻烟壶以其特殊的技法和微画装饰的艺术价值受到宫廷、贵族的青睐。内画鼻烟壶以水晶、琉璃等透明或半透明的容器为载体，用特殊的画笔从瓶口深入到容器内部，反手内绘于容器内壁上。画在里，表现在外，绘制的精细程度非一般目力所能及，被誉为“鬼斧神工”的艺术珍品。图 2 为故宫博物院收藏的晚清内画大师周乐元的内画山水人物图鼻烟壶。

图 2　周乐元内画山水人物图鼻烟壶（故宫博物院）

在方寸鼻烟壶内进行的绘画和书法艺术，逐渐形成独特的内画技艺。内画的载体主要包括用玉石、水晶等天然材料采取掏膛工艺获得的壶坯和用玻璃、琉璃等材料采取吹制工艺获得的壶坯两种。在对壶坯内壁进行磨砂使之具备吸附绘画颜料的条件后，使用竹勾笔、勾毛笔等极为纤细的画笔蘸取国画、水粉等材料在壶坯内侧进行书法和绘画艺术创作。壶坯口直径通常只有几个毫米，需要艺人凝神聚力，以极大的耐心和精湛的手艺一笔一笔创作。一个优秀的内画作品往往需要艺人若干天的时间才能完成。

内画技艺经历200年的发展延续至今，形成了京、冀、鲁、粤四大派系，曾经一度辉煌，至今在民间和市场中尚有一席之地，但是处于停滞发展和萎缩之态。众多学者对于内画的传承多从某一派系出发进行讨论，从技艺本身、文化内涵、艺术形式、地域人文背景等角度进行论述并做了大量的研究工作。作者通过对内画市场和内画创作的实地调研、对内画传承人的深入访谈，试图解析内画的传承路径及其社会环境，为探讨内画技艺的传承与发展途径提供思路。

1 内画鼻烟壶技艺的起源

关于内画鼻烟壶技艺的起源在民间有几种说法，基本的故事情节比较相似，穷困潦倒的主人公用苇席篾在透明瓶内壁上画出痕迹而启发创作灵感。主人公是何人已经无从考证，在访谈中鲁派内画大师王孝诚认为甘烜文可能就是主人公的原型。

内画最早作品有两种说法，多数学者认为甘烜文1816年山水纹内画壶为最早内画作品[3]。另有说“一如居士”作品《沁园春》可能创作于1801年，不过尚未被业界普遍认可。内画鼻烟壶见诸文献晚至20世纪30年代之后。金受申和赵汝珍《古玩指南》中始见以“马少宣”款为代表的内画鼻烟壶的记录[4]。

19世纪初内画鼻烟壶出现以后的六十年间，文字资料和实物很少见到实证，仅甘烜文1872年作品《月月见喜》有记载。从内因分析，这一时期内画创作者及作品少之又少；从外因看，国内收藏少，多流通于国外，缺少实物的年代考证。有些学者认为内画鼻烟壶在19世纪上半叶形成了岭南和京城宫廷两个不同风格的画派，此观点具有两个误区。其一，是对鼻烟壶和内画鼻烟壶的混淆。鼻烟出现后，清廷“造办处”曾制造大量鼻烟壶，但是并没有制作内画鼻烟壶的记载[5]，可以推断内画经历过宫廷艺术阶段的说法不妥。其二，是对岭南画派的错误理解，岭南画派是近现代中国画流派之一，产生于20世纪初。甘烜文是广东新会人，也有说是北京人，但是甘烜文是19世纪初人，与岭南画派和20世纪六七十年代吴松龄创始的粤派内画都没有关系。

从内画的起源来看，鼻烟壶的盛行是内画产生的直接缘由。把内画作为“传统工艺”，应关注两个细节。第一，内画鼻烟壶是外来“鼻烟文化”与中国传统工艺结合的“中西合璧”产物，尽管中华民族在历史长河中不断吸收融合各种外来文化，但是内画并没有类似瓷器、玉雕等传统工艺悠久的发展历史。第二，长期以来，内画鼻烟壶的流行范围也仅限于宫廷和达官贵人之间，与剪纸、风筝等具有民众文化渊源的传统工艺不同，是典型的“高雅”工艺，具有特殊的社群特征。

2 家族制和师徒制的封闭传承

甘烜文作为内画鼻祖，其传承方式未见史料，已经不得而知。从19世纪80年代进入辉煌时期以来，内画以家族传承为主，师徒传承为辅，极其重视技艺的保护，呈现出封闭的传承观念。

2.1 京派初期的传承

《北京工艺美术志》记载:“叶氏内画的创始人叶尚义（1821—1890）在道光年间已有相当成就；第二代传人叶仲三（1875—1945）1892年开始创作[6]”。可见从叶尚义到叶仲三为家族传承，但是从二者生平年代看，二者相差54岁，作者质疑有中间传人缺失记载。图3为故宫博物院收藏的叶仲三玻璃内画鱼藻纹鼻烟壶。

与叶仲三同期的知名内画艺人还有马少宣、周乐元、丁二仲、薛少甫等，形成了19世纪末20世纪初的京派内画创作辉煌时期[7]。周乐元、丁二仲、薛少甫的技艺来源未见记载。在这个时期之后，内画技艺呈现出家族传承的特点。周乐元、丁二仲、马少宣（1867—1939）等后代或不擅长、或转做其他，基本无传。薛少甫传给儿子薛成彩。叶仲三传给长子叶奉祯（英年早逝）、次子叶晓峰（原名叶奉禧，1900—？）和三子叶奉祺（1908—1974）。叶家二子在内画创作上也有分工，叶晓峰掌握着烧制

图3 叶仲三玻璃内画鱼藻纹鼻烟壶（故宫博物院）

"古月轩"（一种用珐琅彩在玻璃胎上施以彩绘高温烧制的加工工艺），叶奉祺负责绘画"古月轩"，分工合作而密切联系[4]。

（a）山水图

（b）盆景图

图 4 毕荣九玻璃内画图鼻烟壶（重庆三峡博物馆）

2.2 鲁派初期的传承

关于鲁派的创始，较为可靠的说法为毕荣九（1874—1925）1890 年听"偷看"马少宣创作的商人王凤诰（1853—1917）的讲解后开始钻研，并与薛向都（1873—1937）、辛八、孙坦普、昃炳富等几位艺人潜心钻研、反复琢磨创建。有说法毕荣九拜王凤诰为师学习内画创作，作者认为此说法不妥，商人王凤诰并没有进行创作，只是把所看的传授给毕荣九，不存在师承关系。另有一说，毕荣九在清廷"造办处"学习内画，是从京派学来的，此说法也不妥。毕荣九在清廷"造办处"进行过艺术创作，但是造办处并未进行内画创作，毕荣九在清廷"造办处"没有接触过内画。经过访谈和文献对比，作者认为毕荣九通过王凤诰的所见转化为自己的创作，兴办"奎山堂"，开创鲁派内画的说法较为可靠。图 4 为重庆三峡博物馆收藏的毕荣九玻璃内画山水盆景图鼻烟壶。

到清末，鲁派内画已经与京派内画齐名。薛向都传给长子薛京万（1893—1987）、次子薛京朝，同样是家族传承。毕荣九 1901 年收徒张文堂（原名张敬学，1885—1966）、袁永谦（1885—1938）等人[8]，开始了外姓的师徒传承。

2.3 封闭传承的社会学根源

对比 20 世纪初其他传统工艺，内画具有专业技术性强的特征，传播范围有限。在当时的技术条件下，仿制和自己掌握的概率并不大，自内画形成京派，到中华人民共和国成立前，仅有毕荣九等人创建的鲁派独树一帜。

家族传承为主、师徒传承为辅是中国传统工艺传承的主要形式，也是中国封建社会制度下工匠艺人的社会地位和生存需求决定的。《国语·齐语》曰："相语以事、相示以巧，相陈以工"，具有言传身教的特点。工匠艺人身份固定，从小学习技艺，思想稳定，子承父业。对于学徒制，封建社会有"教会徒弟，饿死师傅""同行是冤家""传儿不传女"的警语。传统的思想观念和技术壁垒使得内画的传承必然从家族传承开始。这也造就了王凤诰去马少宣家"偷看技艺"的故事，也解释了在马少宣、叶仲三时代内画的艺术价值居高不下，但是从业者人数有限、作品不多的现象。

家族传承的优势在于艺人能够重视家族传统，将技艺当成"传家宝"和生计饭碗，所以传承有力，后代能够用心继承，是中国传统工艺能够传承千百年的基础方式。家族传承的劣势在于一旦没有后代或者后代转行，技艺就面临消失的局面。在封建社会体制下，工匠艺人社会地位低下，对工艺的文字记载少之又少。"不外传""无记载"成为中国传统工艺流失的社会因素。京派周乐元、丁二仲、马少宣都无传，仅有叶氏一脉传承下来；鲁派也仅仅靠薛向都"家传"薛京万、薛京朝，形成封闭、狭隘的传承空间。叶晓峰和叶奉祺的家族分工也是家族传承的典型特色，这种方式既能够避免家族内的竞争，又建立了家族的不同分支之间互相依赖的密切关系，强化了家族产业的合作关系。

师徒传承是对家族传承方式的补充，师傅徒弟之间必须建立稳定的信任关系，中国自古有"徒访师三年，师访徒三年"的说法。徒弟想学艺必然寻访高人，而师傅对徒弟的考察不仅在于对徒弟才华能力的考察，而且看重尊师重道、遵守师门规则的人品，因此也有"一日为师，终身为父"的思想传统，强化了中国传统技艺的传承关系。纵观内画技艺发展史，直到中华人民共和国成立以前，确定无血缘关系的师徒传承仅有毕荣九收徒张文堂、袁永谦一例。

应该看到，在中国封建社会，家族传承和师徒传承是自然发展起来，也是民间手工业的主要传承方式之一。本文没有讨论官营手工业，从汉代的"工官"制度到元明时期的官营手工业、清朝工部和内务府在中国传统工艺的传承中占有同等地位，但是具有更为严格的封闭性，与民间手工艺泾渭分明，带有明显的宫廷特色。作者认为，可以理解为皇家特有的家族传承。

2.4 封闭传承的危机

到晚清时期，官营手工业发展逐渐衰弱，私营手工业在政府鼓励措施下发展迅速，一度超过日用消费品呈现极度繁荣的景象。随着鼻烟的淡出，鼻烟壶渐渐式微，达官贵人对内画鼻烟壶的需求减少，热衷程度锐减。1840年鸦片战争后，清政府被迫开放门户，被掠夺到西方的工艺品吸引了外国人的兴趣，中国工艺品大量被采购。虽然洋货涌入中国市场来势凶猛，但是传统手工业凭借独特风格和精美做工，反倒兴盛一时。北京高峰时期拥有70多种传统工艺行业，从业者达到15万人以上，占到北京人口的1/5[6]。

这个时期的传统工艺与其他行业区别明显。经济衰退时期，民族工业在夹缝中求生存。而传统手工业受西方人对东方文化的窥视影响反升不降，成为一个颇具特色的时期，中外经济的冲突在这个时期凸显。从晚清开始，内画这类具有较高艺术价值和经济价值的传统工艺，主要市场从满足宫廷官宦转移到海外商贾和艺术品收藏家。

1937年“七七事变”后，政局动乱，民不聊生，传统工艺受到民族性、行业性的打击。不仅是内画，诸多传统工艺艺人贫困潦倒，弃艺改行，甚至人亡艺绝。到1948年，北京从事传统工艺人员不到1600人[6]。京派、鲁派内画几乎无人从业，无人继承。社会的动荡和战争的爆发，将封闭传承的传统工艺带入全面的危机。

3 合作组织的半开放传承

3.1 传统工艺走向合作组织形式

中华人民共和国成立以后，国家开始关注文化产业的发展，政府提出一系列振兴手工业的政策，手工业生产确立以外销为主、内销为辅的生产方针。以公营和公私合营为主，走向供销联营。北京市对全市工业进行调查，确认“手工艺品生产是一股潜在的力量”[6]，内画同其他传统工艺共同迎来行业复苏。内画鼻烟壶几乎全部外销，没有内销市场。

1954年，北京市政府邀请叶晓峰、叶菶祺收徒传艺，恢复内画生产和专业人才培养，1957年“二叶”被聘入北京市工艺美术研究所，同时被北京市政府命名为“老艺人”[6]。叶晓峰、叶菶祺不仅恢复创作，也改变了技艺不外传的传统，于1958年收王习三（原名王瑞成，1938年生），1960年收刘守本

（1943—2022）、丁桂玲等，叶菶祺之女叶澍英（1939—）也继承下来从事内画创作。刘守本收徒铁华（1953 年生）、高东升（1963 年生）等，陆续造就一大批艺术创作者。内画鼻烟壶在海外形成稳定市场，在一大批从业者的推动下，京派内画进入第二个高峰时期。

1951 年鲁派内画大师薛京万加入地方合作社，并与张文堂一起进入博山工艺琉璃社（后改称博山美术琉璃厂），创建内画组，开始从事内画创作，后薛希湘（薛京万侄女）加入。1958 年博山工艺琉璃社组织考试收徒，薛京万、张文堂收徒王孝诚（1945 年生）、陈东顺（1945 年生）、文向君（1945 年生）等四人。薛京万、张文堂 1960 年收徒李克昌（1942 年生），1964 年收徒张广庆（1948 年生）。1960 年，博山美术琉璃厂开办了“内画技校”，培养了一批内画从业者。鲁派内画依靠地方资源优势，以琉璃、吹制玻璃瓶为载体，在工具、材料上形成独特的鲁派风格。

1966 年王习三回到衡水后，以内画创作卖到天津外贸作为生计。1977 年调入衡水市特种工艺厂，开创冀派内画，走上企业传承的道路[2]。1968 年收侄子王百川（1949 年生）为徒，1983 年起将技艺传给其子王自勇（1963 年生）。为了扩大内画创作队伍，王习三广招门徒，1973 年收庄树鸿（1937—2016）、1977 年收张增楼（1956 年）、1982 年收黄三（1969 年生）等为徒，随后二三十年间陆续培养了一大批内画创作者。从技艺传承角度看，冀派内画是京派内画的分支，在形成独特风格后得到发扬。

粤派创始人吴松龄（1920—1998），1943 年拜黄史庭先生学习国画，1950 年开始从事象牙微雕艺术，1956 年进汕头市古玩珠宝店工作，其间利用业余时间攻克内画艺术难关，1972 年调到汕头市工艺美术研究所（后更名为汕头特种工艺厂），专业从事内画创作，同时收徒传艺，把潜心研究出来的内画技艺传授给 35 个艺徒，成名弟子包括其子吴泽鲲（1948 年生）、1972 年从师的赖乙宁（1953 年生）等。

3.2 合作组织的半开放传承特征

中华人民共和国成立以后，传统工艺走上民族工业的振兴阶段。在民族工业社会主义改造的大背景下，传统工艺匠人改变了家族传承、师徒的封闭传承观念，工匠艺人的社会地位得到认可，他们也成为企事业单位中的一员，实现了身份的转变。在社会变革大背景下，传统工艺不再是独立劳动者所有，连家铺式小作坊在政府的政策引领下形成合作组织，传统工艺进入了社会化发展的阶段。

这个阶段，也有一定的家族传承关系存在。叶荦祺之女叶淑英、王习三堂侄王百川、王习三之子王自勇、张广庆之子张路华、文向君之子文朝华（1977年生）、文向君之女文静（1973 年生）、李克昌之子李东晓（1966 年生）、吴松龄之子吴泽鲲等都成为新一代的内画传承人。他们不再单纯是“子承父业”，而是受家庭的耳濡目染点燃了个人的创作天赋和热情，并以把内画技艺作为传统文化传承为己任，通过收徒等形式扩大了传承路径。

新的师徒关系不是“教会徒弟，饿死师傅”，而是在组织内的合作开放传承。叶晓峰、叶荦祺在北京市工艺美术研究所收徒；薛京万、张文堂加入博山美术琉璃厂，创建内画组开办了“内画技校”，扩大了收徒范围；王习三在衡水市特种工艺厂大范围扩大内画创作队伍；吴松龄在汕头市工艺美术研究所（汕头特种工艺厂）收徒 35 名。一大批优秀创作者的涌现，将内画创作推向新的高潮，20 世纪 70 年代的京派、80 年代的鲁派、90 年代的冀派都显示出强大的生命活力。在从业人数剧增的同时，内画技术进步迅速，烤彩内画、油彩技法、瓶外描金、瓶外珐琅彩、瓶内外画等创作方式不断更新，内画毛笔、金属杆勾毛笔、曲笔、套管内画笔等画笔的更新更提高了创作效率和艺术效果（表 1）。合作组织也促进了艺术家之间的交流，便于他们彼此之间取长补短，例如 1966年李克昌将鲁派内画毛笔传入北京，推动了京、鲁两派的交流。

表 1 内画创作用笔

名 称	优 点	缺 点	用 途
竹笔	制作简单、易于使用掌握，线条粗细均匀	易折断、线条没有韵律感、大面积铺色不均	勾粗犷线条
勾毛笔	表现手法多，线条自如流畅，铺色均匀	易折断，笔毛易脱落	精细刻画
金属杆勾毛笔	耐用性久，可按需随意弯折，笔尖角度可调	无	工笔、写意、书法均可
曲笔	耐用性久，笔杆弯曲便于持握，方便调节	无	粤派专用

作者梳理了文中提到的内画传承人关系，如图5所示，其中，实线为家传制传承路径，虚线为师徒制（包括组织内的师徒关系）传承路径。图中明确显示出中华人民共和国成立以后组织内的师徒关系对内画技艺的推动作用。

3.3 合作组织的市场化道路

合作组织使内画等传统工艺走向社会化产业阶段。在建国初期为国家创收了大量外汇。在改革开放以后，开始同时面向国际市场和国内市场发展。冀派王习三以其敏锐的市场眼光，于1995年创建衡水习三内画艺术有限公司，申请注册了“习三”商标作为公司内画产品的品牌，开辟了一条现代文化企业的经营之道。随着内画从业人员数目飞速增长，形成以“一壶斋工艺品有限公司”等国有企业、王习三内画艺术有限公司等传承人公司牵头，以大量家庭式作坊作为支撑的产业体系，相关的制壶、绘画、销售形成完整的产业链。冀派内画坚持“艺术品实用化，实用品艺术化”的发展道路，在继承传统工艺的同时开发大量内画类实用产品，如2006年与衡水老白干酿酒集团联合开发的“习三”内画艺术酒，大胆开辟国外市场。冀派开放的观念使得冀派发展成为衡水的支柱产业，并形成较为持久的生命活力。

鲁派内画在博山美术琉璃厂的带动下，形成地方特色产业，在20世纪80年代占有一定市场。1990年博山美术琉璃厂销售收入超过3000万元，创利税500万元，出口货值600万元。难能可贵的是，鲁派内画将内画植入博山当地文化，内画鼻烟壶成为结婚、生子、生日等庆祝活动中必不可少的礼品。到20世纪90年代，随着西方文化、消费观念对民族传统文化和生活方式的冲击，随着博山当地传统习俗和节日风俗的衍变，鲁派内画鼻烟壶渐渐被人们淡忘，内画市场逐渐萎缩。2003年博山美术琉璃厂解体，使得使内画行业基本停留在小作坊为主的行业特征上，从业者观念守旧，企业缺少产业协作，缺少品牌化运作；同时上游琉璃产业萎缩，致使内画艺人需要从衡水购买内画壶坯，鲁派内画陷入发展困境。

粤派在20世纪七八十年代，汕头瓶内画曾经辉煌一时。20世纪90年代，受商业经济、现代工业冲击等因素影响，汕头瓶内画日趋式微，从业群体纷纷退出，各谋出路，吴松龄带出来的20多位徒弟大多改行。

京派内画受2001年北京工艺美术品厂解散出现危机，2009年从业者不足10人，传人寥寥无几[9]。

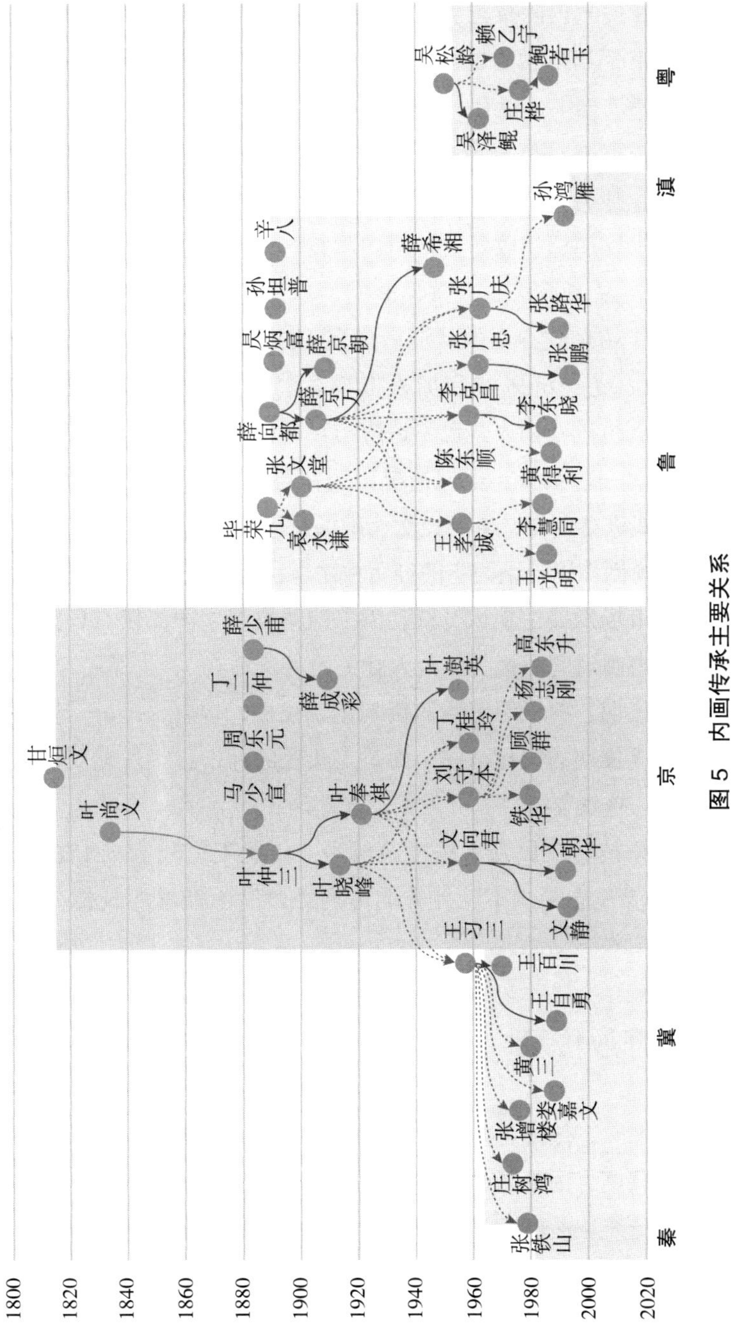
1800
1820
1840
1860
1880
1900
1920
1940
1960
1980
2000
2020
秦
冀
京
鲁
滇
粤
张铁山
庄树鸿
张增楼
娄嘉文
黄三
王自勇
王百川
王习三
文静
文朝华
文向君
铁华
刘守本
顾群
杨志刚
高东升
丁桂玲
叶澍英
叶晓峰
叶仲三
叶奉祺
叶尚文
甘烜文
马少宣
周乐元
丁二仲
薛少甫
薛成彩
毕荣九
袁永谦
张文堂
王孝诚
王光明
李慧同
黄得利
陈东顺
李克昌
李东晓
薛向都
薛京万
吴炳富
薛京朝
张广忠
张鹏
孙坦普
辛八
薛希湘
张广庆
张路华
孙鸿雁
吴松龄
吴泽鲲
庄桦
鲍若玉
赖乙宁

图5 内画传承主要关系

3.4　合作组织传承的局限性

合作组织在挽救内画技艺上作出了历史性的贡献，使得掌握在极少数人手里的“绝活”推至相当大的规模，并通过开辟国内外市场获得发展。不过，在合作组织的发展过程中，也有一定的局限性。

首先，组织壁垒没有完全打破，对内部开放传承的同时也对外有所限制。打破了家传制、师徒制，本质上却并没有改变封闭的思想观念。最为典型的是鲁派，博山美术琉璃厂招收学徒传承内画技艺，形成一定市场后，采用相对保守的发展方式，限制了从业人数，形成了单一的产业结构。在博山美术琉璃厂之外，以小作坊形式存在的从业者居多，技术相对保守，又显示出家庭制、师徒制的特征。受经济风波和加入世界贸易组织（World Trade Organization，WTO）的影响，传统营销方式已不适应市场的快速变化，很多小作坊不能及时应对，销售状况一蹶不振。类似情况出现在粤派内画上，吴松龄培养徒弟后，也多以作坊形式进行创作，未能经受住市场经济的冲击。

其次，内画创作以外销为主的经营策略，没有形成内画在国内流行的根基，造成了在国内市场发展中缺少持续动力。四派发展之中，仅有鲁派在淄博形成了一定时期的内画民间习惯（作为人际关系的流通物），但是持续时间并不长。这种习惯相比琉璃、剪纸等习俗的影响比较浅显，带有一定的“贵族”“时尚”色彩，尚未形成长期的文化认同。面对工业化的冲击，很快被其他时尚礼品所代替，国内市场越发萎缩。

最后，内画技艺在民众心里已经成为“传统工艺”，在物质追求极大化、求新求异的生活观念影响下，纯粹的市场经营尚不能够实现传统技艺的可持续传承。

4　多元的开放传承

世纪交替之际，传统工艺又一次迎来新的发展契机。国家对传统工艺的重视提升到新的高度，内画从市场转向教育、学术、艺术领域，反过来又推动了内画市场化，传统工艺绽放出新的活力。在家传制、师徒制、合作组织以及多种教育、传播的共同作用下，内画技艺走上文化再生之路。

4.1 多维度的政策扶持

传统工艺是民族文化的重要组成，文化政策的出台促进了传统工艺的迅猛发展。中华人民共和国成立后，传统工艺的复苏首先依赖于政策，毛泽东指出“手工业中有许多好东西，不要搞掉了……提高工艺美术品的水平和保护民间老艺人的办法很好，赶快搞，要搞快些。[6]”在这一精神的指导下，一大批传统工艺受到政策的扶持得以恢复。1975年，邓小平在主持中央工作期间指示：“工艺美术品等传统出口产品要千方百计地增加出口。”改革开放以后，通过体制改革和技术创新，内画技艺获得新的发展。21世纪以来，我国大力发展文化产业，对传统文化的重视上升到民族精神层面，设立非物质文化遗产项目、传承人，政策扶持使得传统工艺在市场、教育、文化、旅游等多维度开花，有力推动了传统工艺的重塑辉煌。

2006年，“衡水内画”列入第一批国家非物质文化遗产名录（Ⅶ—15）；2008年，“汕头瓶内画”被列为第二批国家级非物质文化遗产名录，吴泽鲲、赖乙宁为省级代表性传承人。王习三、吴松龄、张广庆、王孝诚、王光明等人先后被评为中国工艺美术大师[10]。

在产业方面，国家对文化旅游产业的支持逐渐加大。博山内画行业有所起色，2005年有关内画工作室300多家，产值43亿元人民币。2006年山东省政府年批复了博山区建设省级工业园区“淄博陶琉工业园”，园区内近3/4经销内容涉及鲁派内画鼻烟壶[11]。

4.2 多层次的学术环境

从业者人数的多少，直接影响传承的规模。内画技艺队伍的壮大是鲁派、冀派得以传承发扬的直接原因。

鲁派最早开展有组织的培训活动。早在1960年，薛京万、张文堂就在博山美术琉璃厂内开办了内画技校，开创了职业教育的先河。后期由于限制从业人数，没有发展起来。2009年10月，在博山琉璃内画师王孝诚等诸多工艺师的倡导下，成立山东博山陶瓷琉璃艺术研究院；2015年山东工艺美术学院设立淄博陶瓷学院；依托博山陶琉玻璃产业集群，以“创业中心”为载体，发展以内画、刻瓷、琉璃工艺为代表的陶瓷琉璃文化，使鲁派内画技艺进入到更为开放的活态传承发展时期。

冀派开创学校教育传承的新模式。王习三重视教育，1990年和王自勇在衡水创办“内画工艺美术中等专业学校”，迄今已经培养内画人才4000多人。1992年张广庆建立中国第一所“内画艺术研究院”，走上了探讨与学习、理论与技巧相结合的新阶段[8]，培养具有中等专业知识和技能的内画艺术研究创作队伍。1994年，冀派成立“衡水习三内画艺术研究院”；2002年，冀派与河北科技大学共同成立“中国冀派内画艺术中心”，为培养高精尖人才搭建了平台；2015年，冀派内画又与衡水职业技术学院实施校企联合培养内画人才。

反观京派和粤派，虽然出现过鼎盛时期，但是不重视多元的教育传承方式，迄今为止，两派创作者屈指可数，已经面临失传的危机。

口传向文字记载转变。中国传统工艺长期保持在口传身授的层面，具体技艺鲜有文字记载。王习三2005年的《中国内画图典》等著作为内画留下丰富的图文记载。2009年，王习三联合卢建广编著的第一本内画技法教材《中国民间内画技法》，详细记录了内画工具、材料、技法，开始系统性传承内画技艺。诸多学者从历史学、社会学、人类学角度探讨了内画的历史、工艺、文化、发展等领域，挖掘内画技艺的文化价值，取得丰硕的研究成果。

交流是推动技艺进步的有效途径。早在1968年11月，在纽约亚洲协会的支持下，美国鼻烟壶鉴赏家爱德华·乔特·奥戴尔（Edward Choate O'Dell，1901—1982），创立了“美国中国鼻烟壶协会”（ICSBS），1974年更名为“国际中国鼻烟壶协会”，成为全球鼻烟壶收藏家和爱好者的交流空间。1981年，“中国工艺美术学会鼻烟壶”专业委员会成立；同年，各地内画大师共同发起创立了“中国鼻烟壶研究会”，形成全国性组织，汇集了国内知名艺术家，在北京、中国香港特别行政区等地举办研讨会，会员超过百人；2001年新加坡“牛车水鼻烟壶学会”在新加坡成立；王习三之徒张铁山（1963年生）于2002年创办“陕西铁山内画艺术研究院”；2003年“中国鼻烟壶协会”在北京成立；2005年“衡水市冀派内画协会”成立，并创办了协会会刊《冀派内画艺术》[2]；2019年衡水饶阳县成立“内画艺术家协会”，2022年有百余名会员[12]。这些官方和民间组织极大地推动了内画创作、内画技术、内画教育、内画产业的发展，也推动了内画与国画、油画、珐琅等其他艺术形式的交流和共同发展。

4.3 多时空的传播途径

广泛传播是产生文化认同的基础。从文物收藏保护、展示教育，到专门博物馆的建成，从传统的线下展览到融媒体的线上传播，再到整个产业流程集约化，打造个性化传播路径，为内画技艺的价值传播提供了多种途径。

内画鼻烟壶逐渐出现在各大博物馆的藏品目录中，其中河北省博物馆收藏居多，在上海市博物馆、香港特别行政区博物馆、重庆市中国三峡博物馆、贵州省博物馆、黑龙江省博物馆、湖南省博物馆、四川省博物馆、云南省博物馆等均有收藏。2007 年王孝诚内画作品《想望》被国家博物馆收藏[8]。

1989 年，“博山琉璃博物馆”落成开馆；1998 年，冀派创建小规模“古今鼻烟壶艺术馆”；2003 年，王习三建成“中国内画艺术之乡展览馆”，成为世界上首家也是最大的内画艺术博物馆；2007 年，博山琉璃博物馆改造扩建，其中专门设置了内画瓶展厅，全面收藏博山地区自古以来的鲁派及另外三大派系的鼻烟壶产品，展示鼻烟壶产业文化，扩大地区鼻烟壶产业影响力；2009 年，“王孝诚艺术馆”建成；2010 年河北省石家庄市创建了“河北习三内画博物馆”，2011 年北京高碑店古文化街创建“中国鼻烟壶、紫砂壶博物馆”[2]。以博山为例，从原材料选取，到玻璃、琉璃加工吹制工艺，再到内画技艺的制作，形成完整的、个性化的传播路径。

随着网络媒体的兴起，众多艺术家使用微博、视频号、短视频等自媒体方式展示内画技艺、艺术品、人物，为传播传统工艺提供了新的途径。

4.4 多元化的文化再生

鼻烟已经退出历史舞台，内画的载体——鼻烟壶早已失去实用功能，内画鼻烟壶已经转化为纯粹的艺术品。传统的水晶、玛瑙、玉石、琉璃材质的内画鼻烟壶制作精良，四大派系艺术风格迥然不同，受到收藏家的青睐；玻璃和树脂材料内画鼻烟壶成为淄博、衡水等地区典型的文化旅游纪念品。

各个派系均看到了鼻烟壶的局限性，将内画技艺转移到具有一定使用功能的物品上。内画的载体扩展到塔、鼎、华表、花瓶、水晶球、插屏、吊链瓶、吊蛋等摆件，项链、串珠、挂坠等装饰品，粉盒、香水瓶等化妆品，笔、笔筒、印章、象棋等文具，以及水杯、烛台、牙签盒、钥匙链、屏风、茶具、烟具、酒具等日用品，为内画增加了使用功能的同时与现代生活方式相融合，如图 6 所示。内画技艺亦探索与其他传统工艺的交叉融合，创作出内画与搅胎琉璃、花丝镶嵌、珐琅等结合的作品，与其他传统工艺融为一体，相得益彰。

（a）宋义明　天然玛瑙壶
（来源于网络）

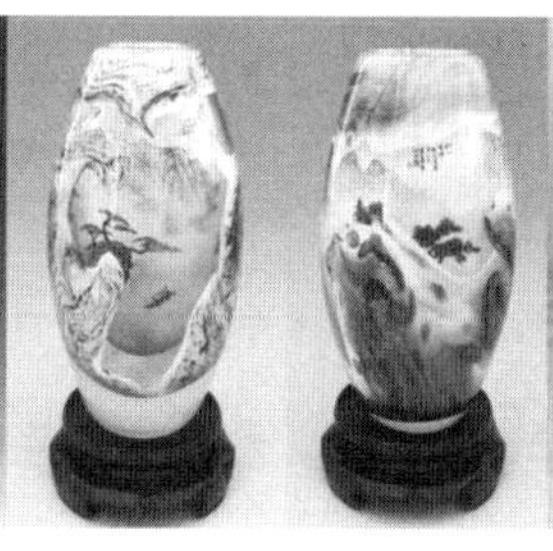

（b）张广庆　内画瓶
（来源于网络）

（c）刘东　内画冰壶

图 6　内画创新形式

5　内画技艺传承与发展的思考

多元的开放传承已经打破了家族制、师徒制的封闭，尝试把内画工艺推入教育体系以促进传统工艺的发展，一批优秀的内画创作者成为非物质文化遗产的传承人得到国家政策的扶持。但在调查中，多数传承人对内画的传承发展堪忧，认为内画传承发展面临市场萎缩，后继无人的困境。作者在对传承路径分析的基础上，结合市场环境，从以下几个方面探讨未来内画的发展之路。

5.1　文化自信自强的驱动力

应当看到，内画鼻烟壶转向国际市场以后，并没有形成国内市场，造成了“墙内开花墙外香”的局面。国内市场的缺失，使得国内知道内画的人少，了解内画的人少，认识内画价值的人更少。集中国传统绘画、微画、内画于一体的内画技艺，要在中华大地土壤上繁荣发展，就要站在文化自信自强的高度去理解国内市场的重要性。弘扬传统文化与培育内画作品的国内市场是相辅相成的。只有实现传统文化自信自强，才能推动市场活力，而市场的繁荣又会反过来推动传统文化的传播。

在 20 世纪 80 年代，鲁派内画促进大众生活习惯的形成是值得我们思考的。这种现象的背后就是文化的自信自强，体现出了传统文化在人们心中的价值。通过文化教育途径增加传播传统工艺所承载的文明与精神的力度，使越来越多的人认识传统工艺的价值，才能够形成国内市场的土壤。

5.2 内画技艺的价值挖掘与传播

内画作品展现传承人艺术的精美构思、创作的巧夺天工，承载的是敬业、精益、专注、创新的工匠精神。应当看到，即使鼻烟盛行时期，内画鼻烟壶也是“高端”艺术品，非人人能够使用。王孝诚提到“允许‘地摊货’和‘高端货’‘艺术品’和‘工艺品’同时存在”。内画作品要有生命力，既要有培根铸魂的原味创作，也要有中低端产品和文化创意产品。在文化繁荣的当下，挖掘内画技艺的价值内涵，认识内画技艺所承载的“人”的文化价值和“艺”的技术价值，重塑高端艺术品形象，形成一定范围内稳定的受众，通过文化创意产品和多元媒体辐射全民传播内画技艺的魅力，创新内画形式并植入当代生活，才能为内画技艺的传承和发展提供外部环境。

5.3 传承人的创作动机

传承人普遍担心后继无人。究其原因，学艺者首先会考虑满足生存需求，其次才是对艺术和文化的追求。传承人无不希望后人能够继承下去，但是从个人需要的角度出发，稳定的收入和物质生活是让新一代传承人安心进行学习、创作的前提。在当前市场动力不足的情况下，通过文化自信和价值挖掘逐步培育内画市场的同时，增加政府扶植力度，才能够促进传承人专注于文化的传承并吸引更多的新一代传承人主动扛起传承和发展的历史重任。

6 总 结

内画技艺在历史上仅仅200多年，经历了中国传统工艺的各种传承方式，又呈现出其特殊之处，不同派系发展路径也有所不同。从鼻烟这种外来文化传播进来到形成中国独有的内画鼻烟壶，充分体现了中国工匠艺人的创新和转化精神。内画技艺在封建社会见证了家传制、师徒制的优势劣势，面临过战乱的毁灭性打击；中华人民共和国成立以后，内画技艺在政府扶持下，进军海外市场，在国内，国有合作组织、企业努力打破技艺传承的封闭性，扩大了从业人数；改革开放后进入市场经济，在一定地域时间内形成活态工艺，而后受现代工业和生活方式改变而消退；在传承发展的探索过程中，政策、教育、交流、传播、再利用的多元传承路径已经显示出其优势。

内画技艺的传承历史，为传统工艺在当代传承和发展提供了思路。只有增强文化自信自强，挖掘传统工艺文化价值，大力培育国内市场，增强政府的扶持，激发传承人的创作动机，才能把传统工艺再一次推向繁荣。

参考文献

[1] 中国人民政治协商会议博山区委会. 博山陶瓷琉璃文化［M］. 天津：天津古籍出版社，2008.

[2] 穆凯齐. 衡水冀派内画艺术研究［D］. 北京：北京科技大学，2015.

[3] 梁知行. 中国内画鼻烟壶新貌［M］. 香港：香港养心轩艺术图书公司，1988.

[4] 麻敏. 方寸之地呈千里之势——北京内画鼻烟壶绘画艺术及传承［J］. 湖南包装，2020，3（192）.

[5] 金丽敏. 中国鼻烟壶内画艺术风格的形成演变及其因素研究［D］. 重庆：重庆大学，2014.

[6] 北京市地方志编纂委员会. 北京志·工业卷·纺织工业志·工艺美术志［M］. 北京：北京出版社，2002.448.

[7] 吕冬梅，张兆祥. 名家内画鼻烟壶鉴赏［J］. 收藏界，2017（06）.

[8] 任才. 传承与创新——山东博山琉璃内画艺术研究［D］. 青岛：青岛大学，2013.

[9] 陈辉. 1918年世博会银奖的前世今生 专访京派内画壶艺术大师高东升先生［J］. 华人世界，2009（09）.

[10] 李灵枝. 博山琉璃工艺变迁研究［D］. 昆明：昆明理工大学，2018.

[11] 宋暖. 鲁派内画鼻烟壶及其产业化发展初探［D］. 济南：山东大学，2008.

[12] 余潇道. 饶阳县内画产业多元主体协同参与研究［D］. 咸阳：西北农林科技大学，2022.

Research on the Inheritance Path of the Technique of the Inner-painted Snuff Bottle

HU Danqi, QIAN Wei, WEI Dong

(Institute for Cultural Heritage and History of Science & Technology, University of Science and Technology Beijing, Beijing 100083, China)

Abstract: In the ninth year of the Wanli period of the Ming Dynasty, snuff was introduced into China from the West. With the popularity of snuff, the appearance of inner-painted snuff bottles won the favor of the upper class of society. After 200 years of development, inner painting techniques gradually formed the Jing, Ji, Lu, Yue and other factions. In different historical stages, the skills of inner painting showed different inheritance paths, including closed inheritance of family and apprentices, semi-open inheritance of cooperative organizations, and multiple open inheritance. Due to the influence of industrial civilization, the inner painting skills are facing the dilemma of gradually decreasing inheritors and gradually shrinking market. This paper takes all factions of inner painting as a whole, discusses the relationship between the art of interior painting and its social environment, and explores the sustainable inheritance path of cultural prosperity.

Keywords: inner-painted snuff bottle; inner painting; traditional craft, inheritance and development

内蒙古自治区拓跋鲜卑铁器遗存研究

季媛媛　咏　梅

（内蒙古师范大学科学技术史研究院，呼和浩特，010020）

摘要：内蒙古自治区拓跋鲜卑墓葬中铁器的大量发现，证实了铁器在内蒙古人民生产生活中有着十分重要的地位，可为研究拓跋鲜卑部族迁移史提供新的视角。本文对内蒙古自治区公元1—4世纪归属明确的拓跋鲜卑墓葬进行系统研究，厘清拓跋鲜卑迁徙路线及与之相伴的铁器组合、形制变迁规律。早期拓跋鲜卑铁器发展的动因是由于民族迁徙及汉代冶铁技术的直接影响，铁器形制的改变则反映拓跋鲜卑社会经济形态的转变，并可作为探究拓跋鲜卑冶铁技术与冶铁手工业的切入点。

关键词：拓跋鲜卑；墓葬；铁器；冶炼技术

0　引　言

鲜卑族是秦汉时期到魏晋南北朝时期活跃在我国北方地区的古族，西汉初年东胡被匈奴所破，原属于东胡的部族逃入鲜卑山并以此为号，至公元1世纪末，匈奴内政分裂外加东汉王朝打击，势力衰微，鲜卑族转据此地后原匈奴留存也自号鲜卑，一族由此兴盛[1]。后于公元2世纪中期，檀石槐建立鲜卑部落联盟，尽据匈奴故地，抄汉边，拒丁零，却夫余，击乌孙。公元3世纪檀石槐部落联盟瓦分裂为拓跋、宇文、段氏、慕容4个部落。此后各鲜卑部族活跃在内蒙古自治区且建立了多个游牧民族政权，尤以拓跋鲜卑为盛，列五胡重要位

基金项目：本研究由内蒙古师范大学2020年度研究生科研创新基金（项目编号：CXJJS20131）资助。

作者简介：季媛媛，汉族，内蒙古自治区兴安盟人，内蒙古师范大学科学技术史研究院博士研究生，研究方向为技术史；咏梅，蒙古族，内蒙古自治区扎鲁特旗人，内蒙古师范大学科学技术史研究院研究员，博士生导师，研究方向为物理学史、传统工艺、少数民族科技史、科技考古。

置，且拓跋鲜卑建立了我国历史上第一个由北方少数民族建立的封建政权——北魏王朝，统一我国北方，进入历史上的南北朝时期。[2] 可以说，鲜卑为我国文化的对外传播以及多元民族的形成做出了不容忽视的贡献。

1 时空范围界定

1.1 时间范围

拓跋鲜卑是我国历史上一支重要的北方游牧民族，发源于北方幽荒之地，经过两次南迁，由大兴安岭北部经呼伦贝尔草原至蒙古高原匈奴故地，又历经十六国时期的战乱，后在盛乐定都，建立魏国。继而平定长江以北的中原地区，迁都平城、洛阳，最终成就北魏王朝，建立中国历史上第一个由北方游牧民族入主中原的政权，在中国历史上具有重要作用。[3]

本次研究的对象主要是早期拓跋鲜卑墓葬中的铁器，从拓跋鲜卑的变迁史来看，这一部族主要经历了 4 个区域的发展阶段，即在大兴安岭大鲜卑山活动的时期（先秦时期）、迁移至呼伦贝尔大泽时期（东汉初年）、河套时期（东汉末年）、盛乐时期。最早从大兴安岭嘎仙洞早期的鲜卑时期开始，以鲜卑建立政权的时代为年代下限，时间范围大约为西汉至公元 4 世纪中晚期。[4] 通过对拓跋鲜卑墓葬的梳理，发现在鲜卑墓葬中出土铁器对冶炼技术、铁业发展的动因存在一定的指引作用。因此，本文结合考古发现及史学文献对出土铁器进行综述。

1.2 空间范围

拓跋鲜卑族起源并发展于内蒙古自治区大兴安岭北部的密林中，在呼伦贝尔草原与河套焉支山地区不断壮大，早期的拓跋鲜卑活跃在内蒙古自治区的东北部，种族较为单一，但随着部族向大泽迁移，拓跋鲜卑开始与其他北方游牧民族和汉族在政治、经济、文化以及社会习俗上有所融合。[5]

本文研究的空间范围与拓跋鲜卑部族的迁徙路径一致，以拓跋鲜卑建立北魏政权之前的主要活动地区为主，以发现铁器文物的主要墓葬区域为限。宿白先生推断呼伦贝尔陈巴尔虎旗、新巴尔虎器扎赉诺尔、巴林左旗杨家营子为拓跋鲜卑墓葬遗存，以此绘制了拓跋鲜卑从大兴安岭到哈拉尔河，直至到内蒙古自治区中南部至大同的迁移路线。[6] 苏秉琦先生将内蒙古自治区考古文化的区域分为东部地区、东南部地区、中部地区三大区域[7]，孙危先生按照鲜卑墓葬的特点将这三个区域又进行了进一步的归纳，并将其分为东部与南部两大区域，作者在对乔梁先生和孙危先生对鲜卑墓葬分类的研究整理后，将本文研究的空间内容整理如表1所示。

表1 拓跋鲜卑墓葬时空分布情况

<table>
<tr><th colspan="2">地　区</th><th>拓跋鲜卑墓葬</th><th colspan="2">时　期</th></tr>
<tr><td rowspan="2">东部地区</td><td rowspan="2">呼伦贝尔市
兴安盟、通辽市和赤峰市</td><td>拉布达林墓葬；扎赉诺尔墓葬；七卡墓葬；完工墓葬；伊和乌拉墓葬</td><td>公元前1世纪末—公元2世纪中</td><td>南迁大泽</td></tr>
<tr><td>孟根楚鲁墓葬；
南杨家营子墓葬</td><td>公元2世纪初—公元3世纪中</td><td rowspan="2">匈奴故地</td></tr>
<tr><td rowspan="2">中部地区</td><td rowspan="2">包头市、呼和浩特市、乌兰察布市、锡林郭勒盟</td><td>三道湾墓葬（二期）
皮条沟墓葬
二兰虎沟墓葬
兴和叭沟墓葬</td><td>公元2世纪下—公元3世纪上</td></tr>
<tr><td>包头固阳墓葬
林格尔县西沟子村墓葬</td><td>公元3世纪下—公元4世纪末</td><td>盛乐时期</td></tr>
</table>

2 内蒙古自治区拓跋鲜卑墓葬出土铁器的考古发现

考古学文化中对于内蒙古自治区的遗迹墓葬存在一定争议，族属与地望不清，在以下讨论中以内蒙古自治区现阶段的行政区域划分为标准，对拓跋鲜卑部族早期墓葬中的铁器文物进行梳理统计。

2.1 东部地区拓跋鲜卑墓葬铁器出土情况

呼伦贝尔地区位于内蒙古自治区东北部，大兴安岭北段西麓、额尔古纳河与呼伦湖附近。这里集中分布着以下几处含有铁器的墓葬遗迹：扎赉诺尔鲜卑墓葬、额尔古纳右旗拉布达林鲜卑墓葬[8]、鄂温克旗孟根楚鲁墓葬、陈巴尔虎旗完工墓葬。扎赉诺尔鲜卑墓群位于呼伦贝尔木图那雅河东岸，其随葬品中出土的铁器主要为铁刀、铁矛、铁镞等兵器共有62件；额尔古纳右旗拉布达林镇位于根河南岸，出土铁矛、铁镞、铁刀等10多件。从拉布达林鲜卑墓葬与扎赉诺尔鲜卑墓葬出土的铁器来看，均反映了当时鲜卑族以游牧为主，是擅长骑射的北方民族。鄂温克旗孟根楚鲁墓地位于伊河右岸，出土少量铁矛、铁镞、铁刀等铁器[9]。陈巴尔虎旗完工墓葬位于完工西南，出土铁环、铁刀等残缺铁器数量约 20 余件[10]；东部南区出土铁器的早期拓跋鲜卑墓葬主要有巴林左旗南杨家营子[11]，南杨家营子位于乌尔吉木伦河东岸，出土可辨认铁器约 15 件，其中铁刀数量最多[12]。

2.2 中部地区拓跋鲜卑墓葬铁器出土情况

中部地区出土铁器的早期拓跋鲜卑墓葬主要有乌兰察布三道湾墓地、兴和叭沟墓地、皮条沟墓地、二兰虎沟墓地，呼和浩特西沟子墓地，包头固阳墓地。乌兰察布三道湾墓地位于敖汉旗，经遗址调查后整理出剑、矛、刀、镞等少量铁器[13]，叭沟墓地位于兴和县，墓地出土棺钉、环扣共 4 件，皮条沟墓地位于托克托县，出土小铁刀 1 件；二兰虎沟墓地位于察右后旗，出土兵器以铁制的矛、剑、刀和镞较多见[14]；呼和浩特西沟子墓地位于和林格尔县，挖掘后整理收纳铁棺钉、铁棺环等铁器 14 件[15]。包头固阳县北魏墓群经挖掘后出土铁甲片、铁钉、铁环等铁器约 48 件[16]。

3 拓跋鲜卑墓葬出土铁器类型分析

铁器是人类文明的重要历史物质，但铁器易氧化进而导致严重的锈蚀，使其在出土后形制上难以辨别，这给铁器的分类与描述等研究带来不利影响。结合内蒙古自治区出土铁器文物以及史学文献，本文研究将铁器从功能上分为武器类、马具类、生产生活工具 3 类进行说明。

拓跋鲜卑墓葬中出土武器类的铁器有镞、刀、剑和甲片。大多数鲜卑墓葬出土铁器中均有铁镞。扎赉诺尔鲜卑墓葬与拉布达林鲜卑墓葬出土的铁器中大部分是可辨识的铁镞，分为尖刀菱形和直刃梯形，此外出土铁器中还有形制难以辨识的铁矛、铁剑以及铁刀等。马具在墓葬中主要有马衔、马镳和马镫，而在拓跋鲜卑墓葬出土铁器的马具只有数量较少的马衔。生产生活工具在拓跋鲜卑墓葬当中出土的种类比较多（分为陶器以及桦树皮器具），但是数量比较少。此外，生产生活工具类铁器保存程度较差，锈蚀严重。南杨家营子出土长约 3 cm 的有扣舌铁质带具，三道湾出土锈蚀较为严重的环装铁质带具。本文将内蒙古自治区拓跋鲜卑墓葬出土铁器进行整理，详细信息如表 2 所示。

表 2 拓跋鲜卑墓葬出土铁器地区及种类情况

地区		时期	兵器类	生活用品类	马具类
东部地区	扎赉诺尔墓葬	南迁大泽	铁镞；铁矛；铁剑（少量）	铁质带扣（少量）	马衔（少量）
	拉布达林墓葬		铁镞；铁矛（少量）	铁质带扣	马衔（少量）
	七卡墓葬			铁质扣舌	马衔（少量）
	完工墓葬		铁镞；铁刀	铁质带扣	
	伊和乌拉墓葬		铁镞（少量）		马衔
	孟根楚鲁墓葬	匈奴故地	铁镞；铁矛；铁刀（少量）		
	南杨家子营墓葬		铁镞、铁刀	铁钉、带扣、铁斧	
中部地区	三道湾墓葬		铁剑、铁矛、铁刀、铁镞		
	皮条沟墓葬		铁刀	棺钉、环扣	
	二兰虎沟墓葬		铁矛、铁剑、铁镞		
	兴和叭沟墓葬				
	固阳墓葬	盛乐时期	铁甲片、铁剑	铁钉、铁环	
	林格尔县西沟子村墓葬			棺钉、环扣	

4 拓跋鲜卑墓葬出土铁器文物研究意义

4.1 墓葬归属标志着拓跋鲜卑的迁徙路线

拓跋鲜卑墓葬的时空分布大致与史书记载的拓跋鲜卑迁徙路线吻合。根据墓葬分区，拓跋鲜卑的迁徙路线从嘎仙洞—拉布达林—呼伦贝尔—南杨家子营—乌兰察布—呼和浩特，时间大致在公元前 1 世纪—公元 3 世纪。

鲜卑族先从大兴安岭南下到拉布达林地区（根河），接着迁移到呼伦贝尔地区，后又途经南杨家子营到乌兰察布和呼和浩特。在内蒙古自治区的东部地区，鲜卑族留下较多的墓葬，表明其在此地停留的时间较长，与考证时间相符[17]。而鲜卑族在南杨家子营留下的墓地遗存相对较少，表明在此地停留的时间较短，据考证约为半个世纪左右。在内蒙古自治区的中部地区时，拓跋鲜卑墓葬数量众多且分布较广，反映出该时期的鲜卑族在内蒙古自治区的中部地区有着较为强大的势力。据考证拓跋鲜卑在此地生活3个多世纪，与此同时，鲜卑族完成了从游牧到定居的转变，标志着阶级社会取代原始社会。

4.2 铁器形制的改变反映着经济形式的转变

嘎仙洞是我国鲜卑族祖先居住过的石室、建立北魏王朝拓跋鲜卑的发祥地。嘎仙洞遗址出土的遗物中还未曾出现铜制器皿和铁质器皿，嘎仙洞内发掘出土的遗迹——刮削器，是用燧石打制而成的，四周薄而锐利，呈锯齿样，适用于刮削切割。可见当时的生产力很低，主要以采集和狩猎等方式来获取生活物资。该时期内拓跋鲜卑部族地处幽荒之地，与外界文明的接触较少，社会生产力进步较为缓慢。

大鲜卑山时期，拓跋鲜卑部族迁移至呼伦贝尔，吸收匈奴部族的先进生产技术，使得拓跋鲜卑族的生产力有了进一步的提升。从呼伦贝尔地区墓葬出土的铁器来看，已经有多种类型的铁器，包括马具和武器，其形制与匈奴的器物相近，表明该时期内拓跋鲜卑受匈奴文化影响较为深厚。

经过在呼伦贝尔的发展，拓跋鲜卑族的生产方式以及经济条件均发生较大的改变，铁器类物品的出现标志着拓跋鲜卑部族正式从石器时代进入到金属器时代。出土的铁矛、铁镞、马具等射猎类铁器也标志着当时拓跋鲜卑的畜牧业有了很大程度的发展。此后拓跋鲜卑历经九难八阻到达匈奴故地，即今日内蒙古自治区的河套地区。在河套地区时，拓跋鲜卑部族的经济模式又有了新的转变。三道湾墓葬、皮条沟墓葬、二兰虎沟墓葬、兴和叭沟墓葬中的铁器文物中已经有铁刀、铁环、铁斧等铁质生活用具。其中较多的熟铁锻制铁质兵器也表明，这一时期拓跋鲜卑部族的人已经掌握了一定的铁器制造技术，但这一时期拓跋鲜卑冶铁技术是由汉族或其他北方民族教授的观点，至今还未有相关考古证据能够证实。至于盛乐时期，拓跋鲜卑的农业经济更加兴盛，与中原地区汉族政权和其他少数民族政权接触的机会增多，经济发展十分迅速，并且在此确立了统一的政权中心，正式拉开北魏王朝的序幕。

4.3 早期拓跋鲜卑铁器发展的动因

1）民族迁移

王明珂先生认为，游牧者的迁徙，首先来自其主要财产（牲畜）的数量；其次，来自其经济生产过程所需的土地资源；最后，来自游牧者的作物可即食即用，无须存储。拓跋鲜卑早期在大兴安岭的原始驻牧地区生活，尽管大兴安岭周边的牲畜资源丰富，但不具备发展游牧的资源，随着人口的增多，相对固定的猎物供不应求。如此条件下，拓跋鲜卑族为满足经济需求，开始南迁至呼伦贝尔地区。

与大兴安岭相比，呼伦贝尔草原水丰草美，生活资源更加丰富，拓跋鲜卑族迅速地掌握了游牧经济的生产方式，在此地定居发展游牧经济。由于此前在内蒙古自治区遇到匈奴人的侵入，拓跋鲜卑族掌握了一定的铁器技术，用于发展游牧经济。这一时期，墓葬出土的铁器数量增多也标志着拓跋鲜卑畜牧经济的发展，而且拓跋鲜卑的生产力水平也有了长足的进步。至于匈奴故地后，拓跋鲜卑与中原王朝以及其他北方民族交流的机会增多，与汉族政权更是有了直接的接触，以致铁器文化能够顺利地从中原地区传入到北方游牧地区。

2）汉代冶铁技术的发展

拓跋鲜卑墓葬出土的铁器文物的研究目前尚处于完善阶段，研究成果较为欠缺，但战国与秦汉时期是我国冶铁技术不断创新与发展的时期，可以利用同一时期不同地域的横向比对来梳理冶铁技术发展。

秦汉时期我国的农业用具主要以铁器为主，西汉时期铁器制作属于官营运作，且冶铁技术有一定的发展规模。巩县（今巩义市）铁生沟冶铁遗迹中发掘出炼炉、锻炉、沙钢炉、退火炉等大量冶铁设备，铁器材料、耐火材、燃料等1000多件；利国驿冶铁遗址发掘出耐火材料、助溶剂、鼓风设备。从冶铁技术的发展来看，冶炼工艺的进步体现在冶铁设备以及燃料矿石的改进之上[18]。我国最早的冶铁设备是矮小的火炉，通过木炭加热还原铁矿石得到炼铁块，其后在炼铜技术的基础上发展出炼铁竖炉与坩埚，采用内壁加热的方式加热融化铁矿石。在早期冶铁史上木炭是最为常见的燃料，但随着炉子高度以及直径的增加，单一的木炭燃料已经无法满足燃烧需求。汉代冶铁时便开始选择其他燃料配合木炭使用，巩县铁生沟中发现了木炭快、煤饼的混合残留物。西域地区运用煤炭作为燃料冶铁的记载较早，魏晋以后西域就开始运用煤炭燃料来冶炼生铁，《水经》中记载“人取石炭，冶此山铁”。在古荥镇冶铁遗迹中煤饼数量显著增多，这也表示西汉晚期到东汉时期，我国已经开始选择加工煤饼来冶铁。同时对于铁矿石的加工与筛选也日益成熟，在汉代冶铁遗迹中已有石夯、铁锤等矿石加工工具，从工具以及矿粉遗物中可以推断，汉代时期我国冶铁匠人已经开始掌握了初步处理铁矿石材的技术。

两汉铁器的传播与发展同样离不开成熟的铸造加工技术，铸铁工艺的改进使得铁器物品有了更多形制，深入到农业、工业、军事等社会领域中并且有较大范围的传播。两汉时期古人在铁范、叠铸、退火等工艺上的进步推动着我国冶铁业走向成熟期。汉代铁范工艺是在成熟的青铜冶铸技术上发展而来的，在商朝便有运用泥范制铜器的工艺，进入铁器时代之后逐步出现了金属范，加入了叠铸等技术来范铸铁器。南阳、藤县等地出土的铁质范可以证实在秦汉时期我国便有铁范的运用，而且铁范材质也有白口铸铁、可锻铸铁等区分。成熟的铁范工艺标志着铁器文明的进步，铁器形体造型已经有了相当程度的规模与水平。叠铸工艺是将范片叠加后进行浇筑，一次性便能制作出大量的铁器铸件，这一技术的发展使得小型铁器的生产加工速率得到了很大的提升。新郑仓城铸铁遗迹中发现的多层范片证实在战国时期该技术便被运用在冶炼制造中。到汉代时期冶铁叠铸技术开始被用于制作车马器具，温县内出土的陶范遗物便被用于制造马衔，在内蒙古自治区多处出土的马衔铁具便是由叠铸工艺制作而来。

秦汉时期，冶铁技术中的退火工艺也在不断进步，石墨退火常被用于农具生产中，南阳瓦房庄铁器金属学研究结果表明其中 9 件农具都是采用石墨退火工艺铸造。脱碳退火工艺则被用于武器等铁器的制作，古荥镇铁器金属学研究结果表示，其中的铁镞都经过脱碳退火处理。淬火、冷锻等冶炼工艺的加入使用也表示人民的冶铁效率与质量已经非常理想，冶铁业的进步使得铁官作坊的规模不断扩大，铁器文化也得以逐步向着北方推移，渗透到游牧民族的社会生活中。

5 研究结论与展望

经过对内蒙古自治区早期拓跋鲜卑墓葬出土铁器文物材料进行分类与归纳后可以得知，拓跋鲜卑族在大鲜卑山时期还未曾留下铁器文明的遗迹，南迁至呼伦贝尔后墓葬遗迹逐渐增多，铁器文物出土标志着拓跋鲜卑在这一时段内开始进入铁器文明，并且此时铁器主要以射猎类为主，表明拓跋鲜卑族此时的游牧经济已经有了一定程度的发展。整体分布上，内蒙古自治区的东部地区拓跋鲜卑墓葬遗存较少，与史实中拓跋鲜卑在此地停留时间较短相符，中部地区墓葬出土的铁器形制愈加丰富，除射猎类铁器之外，铁刀、铁斧、铁钉等生产生活用具逐渐增多，标志着拓跋鲜卑族此时已经将游牧经济作为自己的生产生活方式。

早期拓跋鲜卑部族铁器文化的发展史与民族迁移有很大的关系，在与匈奴部族的交流融合中拓跋鲜卑部族掌握了一定的中原冶铁技术，盛乐时期后拓跋鲜卑与其他民族的接触日益密切，冶铁技术和铁器文化等也有更多交流碰撞。同时秦汉时期中原冶铁技术的迅速发展也提升了铁器生产的质量与规模，使铁器文化有更多传入拓跋鲜卑部族的机会。也正是在这一时期内，拓跋鲜卑部族的冶铁水平与规模有了大幅提升，进一步增强了拓跋鲜卑部族的经济实力，使其能够有机会入主中原建立封建政权。

但目前学界还未针对拓跋鲜卑的冶铁技术进行更深入的探讨，对于上述铁器遗存的金相分析成果较少，这一具体过程仍有待以后的考古挖掘。

参考文献

［1］（南朝宋）范晔. 后汉书·鲜卑传［M］. 北京：中华书局，2000.

［2］徐美莉. 中国古代北方草原部族的战利品分配方式及其演进［J］. 内蒙古社会科学（汉文版），2015，36（4）：64-67.

［3］陶丽根. 拓跋鲜卑早期史地综考［D］. 呼和浩特：内蒙古大学，2013.

［4］乔梁. 内蒙古中部的早期鲜卑遗存［M］. 吉林：知识出版社，1998.24-54.

［5］乔梁，杨晶. 早期拓跋鲜卑遗存试析［J］. 草原文物，2003（02）：51-58.

［6］宿白. 东北、内蒙古地区的鲜卑遗迹——鲜卑遗迹辑录之一［J］. 文物，1977（05）：42-54.

［7］苏秉琦. 燕山南北·长城地带考古工作的新进展——一九八四年八月在内蒙古西部地区原始文化座谈会上的报告提纲［J］. 内蒙古文物考古，1986（00）：1-4+37.

［8］赵越. 内蒙古额右旗拉布达林发现鲜卑墓［J］. 考古，1990（10）：23-28.

［9］程道宏. 伊敏河地区的鲜卑墓［J］. 内蒙古文物考古，1982（02）：34-39.

［10］李作智. 内蒙古陈巴尔虎旗完工古墓清理简报［J］. 考古，1965（06）：273-283+6-8.

［11］赵玉明. 额尔古纳右旗七卡鲜卑墓清理简报［A］. 内蒙古文物考古研究所：内蒙古文物考古文集. 第二辑. 北京：中国大百科全书出版社，1999.56-78.

［12］刘观民. 内蒙古巴林左旗南杨家营子的遗址和墓葬［J］. 考古，1964（01）：36-43+53.

［13］乌兰察布博物馆. 察右后旗三道湾墓地内蒙古文物考古文集第一辑［M］. 北京：中国大百科全书出版社，1994.125-129.

［14］内蒙古文物工作队编. 内蒙古文物资料选辑·察右后旗二兰虎沟的古墓群［M］. 呼和浩特：内蒙古人民出版社，1964.47-87.

［15］李兴盛. 内蒙古和林格尔西沟子村北魏墓［J］. 文物，1992（08）：12-14.

［16］郑隆. 包头固阳县发现北魏墓群［J］. 考古，1987（01）：38-41+4.

［17］马长寿. 乌桓与鲜卑总叙［M］. 上海：上海人民出版社，1962.45-86.

［18］韩汝玢，陈建立. 中国古代冶铁替代冶铜制品的探讨［J］. 广西民族大学学报（自然科学版）2013，19（03）：9-16.

A Review on the Earthen and Iron Relics of the Early Tuoba's Tomb in Inner Mongolia

JI Yuanyuan, YONG Mei

(Institute for the History of Science and Technology, Inner Mongolia Normal University, Hohhot 010022, China)

Abstract: A large number of iron objects found in Tuoba Xianbei tombs in Inner Mongolia also prove that iron objects play a very important role in the production and life of the people in Inner Mongolia. The study of iron objects can provide a new perspective for the migration history of Tuoba Xianbei ethnic group, and reflect the development of smelting technology and iron smelting industry in Tuoba Xianbei through the development of iron culture. At present, there are relatively few researches on iron relics unearthed from tombs in Inner Mongolia, so this paper adopts the method of literature investigation and field investigation to discuss the iron artifacts unearthed from Xianbei tombs in Inner Mongolia. The research points out that: The ownership of tombs marked the migration route of Tuoba Xianbei, and the changes in the shape and form of iron ware reflected the transformation of social and economic forms. The early development of Tuoba Xianbei iron ware was motivated by the ethnic migration and the direct influence of iron smelting technology in the Han Dynasty. However, there are still a lot of questions in the study of iron objects unearthed from Tuoba Xianbei tomb in Inner Mongolia, which need to be found and supported by more scholars in the archaeological field.

Keywords: Tuoba Xianbei; iron artifacts; the research reviewed

传统镂版印花工艺与丝镂画

霍连文

（魏县文化馆，河北魏县，056899）

摘要：传统镂版印花工艺是我国最古老的印染技艺之一。丝镂画是在传统镂版印花工艺基础上创新发展印染在棉麻布上的一种花布和版画形式，是镂版印花工艺的延伸。

关键词：传统镂版印花工艺；丝镂画；魏县

0 引 言

为了使织物更加美观，人们利用矿物及植物等各种染料，通过不同的方式对织物进行再加工。在历史的发展过程中，人们不断创新、改进，形成了中国自己的织染技术体系——染缬。

染缬泛指中国古代传统印染技艺，中国古代染缬可粗分为手工染缬和型版染缬两大类。在手工染缬中，包括手工描绘、手绘蜡染、绞缬等。型版染缬则根据印花版的情况分为凸版（阳版）和镂空版（凹版或阴版）。凸版是以凸出部分作花上色印刷，通常有压印和拓印两种；镂空版就是用镂空的部分上色作花印刷。在这里只做镂版印花阐述。

绘画在中国出现很早，丝织品印花技术是绘画技术的延伸。它将染料或颜料拌以黏合剂，用凸版或镂空版将其直接印在织物上显花。最早的印花实物出自湖南长沙马王堆一号汉墓，墓中出土的金银色印花绢（图 1），采用金银黄 3 种颜色套印而成。

传统镂版印花工艺是利用镂刻有纸版经刷油漆防水加固后对织物进行遮挡，

作者简介：霍连文，生于 1960 年，河北省魏县人，中国传统工艺研究会理事，中国民间工艺美术协会会员，河北省“魏县花布染织技艺”省级非遗代表性传承人。

并将染料在镂空处进行涂刷，从而在织物的表面形成花纹的工艺[1]。它是我国最古老的印染技艺之一。

20 世纪 80 年代以前，在魏县前罗庄村、刘深屯村、北皋村、双南村等有 60 多家染坊，他们农忙时种地，农闲时为附近的村民印染花布。目前，魏县彩印花布博物馆现收藏了 3000 多件当地镂版印花及旧花版（图 2）。[2]

图 1　马王堆汉墓出土印花绢

图 2　魏县镂版印花版

1　命　名

民间并没有专门针对镂空版印花工艺进行命名，更没有统一的名称，地域性的名称也只是针对其产品的，比如：在山东被称为“花包袱”；陕西韩城、合阳等地称其为“花伏子”；在浙江省桐乡市，由于民间对这种印花工艺有“拷花布”或“洋拷花”的叫法，在河北省邯郸市魏县称其为彩印花布并与蓝印花布联合申报为“魏县花布染织技艺”，申报了该省的非物质文化遗产。

中国民艺学泰斗张道一先生编写出版的《民间印花布》一书中则将其称为“漏版刷花”，郑巨欣教授在《中国传统纺织品印花研究》中称其为“镂版漏印”，金成熔在其博士论文《中国传统印染工艺研究》中使用“镂空版印”，著名纺织考古学家王㐨在《马王堆汉墓的丝织物印花》中将其命名为“镂版印花”。

宁波大学副教授盛羽在《中国传统镂版印花工艺研究》一书中指出：“镂版印花”这一名称即很好地反映出该工艺的技术特点，准确而简练，又遵从了传统印染工艺的命名法则，同时具有较强的学术性，是众多名称中的最佳选择。

2 染料与染色

使用天然的植物染料给纺织品上色的方法，称为“草木染”。新石器时代的人们应用矿物染料的同时，也开始使用天然的植物染料。人们发现，漫山遍野花果的根、茎、叶、皮都可以用温水浸渍来提取染液。经过反复实践，我国古代人民终于掌握了一套使用该种染料染色的技术。商周时期，染色技术不断提高，到了周代开始使用茜草，由于它的根还有茜素，以明矾为染剂可染出红色，周代设置了专门管理植物染料的官员负责收集染草，以供浸染衣物之用，染出的颜色不断增加。

汉代染色技术已达到相当高的水平，湖南长沙马王堆、新疆民丰等汉墓出土的五光十色的丝织品，虽然在地下被埋葬了2000多年，但色彩却依然艳丽。当时的染色法主要有两种，一种是织后染，如绢、罗纱、文绮等，另一种是先染纱线再织，如1959年新疆民丰汉墓出土的“延年益寿长葆子孙”“万事如意”等织物（图3）。

东汉《说文解字》中有39种颜色名称，明代《天工开物》《天水冰山录》则记载有57种色彩名称，到了清代的《雪宧绣谱》已出现各种颜色名称，共计704种。

图3 民丰汉墓出土织物

在我国悠久的丝绸印染发展过程中，使用的均是天然染料或颜料，包括矿物动物和植物染料，但是天然染料色谱不全、色牢度差，还含有较多的杂质。印染时容易发生化学反应，甚至影响最后的效果。到了19世纪下半叶，随着科技的进步，欧洲人发明了化学染料，同时随着国际贸易的展开，合成染料和先进的印染技术被引入国内，至清末及民国时期，随着现代化学的发展，尤其近代化学染料及染色助剂的出现和引进并运用于镂版印花工艺之后，其产品的鲜艳度以及色牢度均有了一定提升。镂版印花在这一时期得到了较大的发展。

近年来，国产染料质量进一步提高，网上购买也更加方便。

3 魏县传统镂版印花工艺

3.1 镂刻花版

魏县传统镂版印花工艺分为刻版和印花两大工序。20 世纪 50—70 年代，河北省衡水市武强县有位姓王专业的刻版老艺人每年骑自行车到魏县各家染坊兜售花版，如后罗庄村罗家染坊、双井南街染坊等，只加工印染花布，不会自刻花版，只有少数几家染坊既开染坊又售卖花版，如刘深屯村刘家染坊北皋镇西街等。

从收藏的旧花版可以看出，较早年代花版是将 3—4 层“窗户纸”用糨糊粘贴成纸板再镂刻、刷桐油防水加固成镂空版（图 4）。20 世纪 60—70 年代用较厚的白报纸刻版，近几年来已被透明度高、韧性好、免刷漆的聚酯薄膜所取代。

镂刻花版使用的工具有刻刀、蜡盘、铳子、木锤、锡墩等（图 5）。用自制刻刀在刻版时下垫蜡盘，铳圆点时用木锤敲击铳子并下垫软金属锡墩，随着科学技术的进步，电脑与激光用于镂刻花版中。

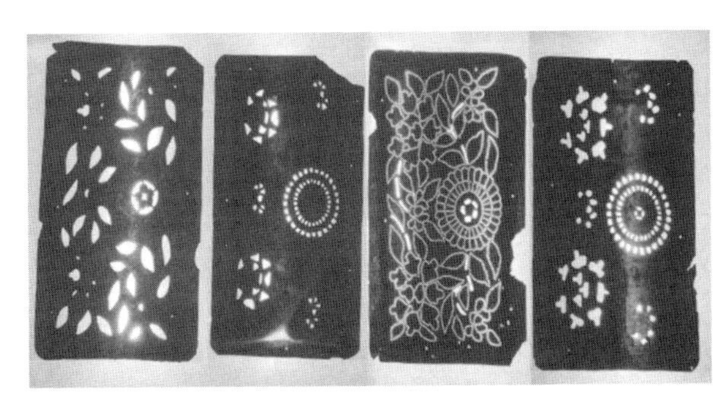

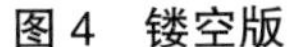

图 4 镂空版

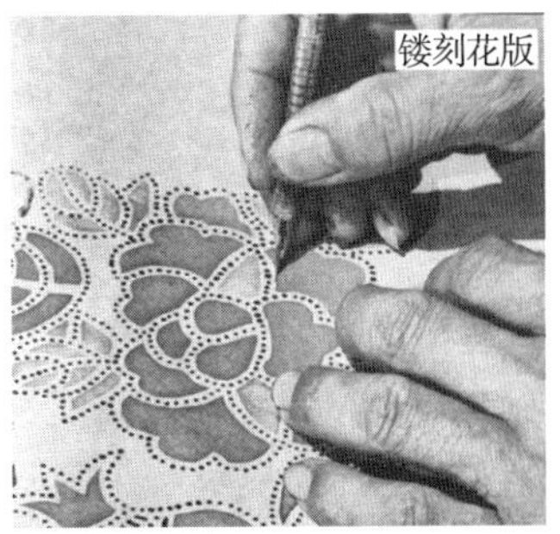

图 5 镂刻花版

3.2 印花

以棉方桌布为例，印花前将白匹布裁剪、缩水、染色、烫平并粘贴在平板上，用铅笔标注好画面大小位置，用挡板成 45° 放在四角标注好的位置上，将蓝色的边花版以先长后短次序印染出四边，染料为纺织品加水调稀，刷子为猪毛制成。为控制蘸色量，上色时先用油漆刷蘸色均匀将颜色涂在猪毛刷上，刷面向下并给予适当的压力在镂空处反复涂刷。涂刷时以毛刷截面压迫花版使之与布面紧密无间，并将颜色均匀涂满镂空部位，图案便会清晰地呈现在布面上。

边花印成之后可印饰角，饰角为深浅两块花版组成，主花由蓝、绿、红套印而成，蓝色为头版，主要由小点有序排列组成图案的轮廓线，绿色色块主要表现植物叶子，红色以表现植物花朵为主，每版上四角同一位置设有板眼。套印时，照准板眼便可印染出准确鲜艳的四方连续图案，印染主花时饰角和不完整的主花部分要进行遮挡，主花与边花、饰角留有适当距离，印染完成揭下晾干，将毛边缝纫卷边，一件色彩鲜艳、寓意美好的传统镂版印花桌布作品就完成了（图 6）。

图 6　传统镂版印花桌布

4　丝镂画工艺

传统技艺需要继承，更需要创新。社会在发展，人们的精神文化生活也在发生变化，各种新材料、新工具、新题材不断涌现，这些都促使传统工艺不断发展、进步和演变。

丝镂画是在传统镂版印花工艺基础上创新发展印染在棉麻布上的一种花布和版画形式，是镂版印花工艺的延伸。丝镂画是以传统的镂空版印染色块，用丝网版印轮廓线，微妙处手工描绘，多种方法取长补短，效果自然、写实，更符合现代人们的审美需求。

4.1　用途与内容创新

随着社会发展和人们文化生活水平的不断提高，对于镂版印花作品的用途与内容也要有所丰富和创新。传统镂版印花工艺印染出的包袱布、门帘、褥面、床单等家私用品，已不能与大机器生产相抗衡。创新后的丝镂画则不但可印染传统的花布，还可以印染服装、包包、玩偶、装饰画等。

4.2 技术与材料创新

技术与材料创新是为了确保用途与内容创新顺利实现。丝网版印染出的连续和流畅的线条是替代传统图案中“虚线”的不二选择，聚酯薄膜的良好韧性、高透明、耐水、不易变形和即刻即用的特性是大幅画面所必需的。创新的“硬币”和“集成”式对版方式替代了传统“版眼”，使得套印对版更加便捷、准确、牢固，打破了先印轮廓后染色块的传统。电脑与激光技术的加入，使得精细和烦琐的镂空版更规范，并能节省更多宝贵的时间。

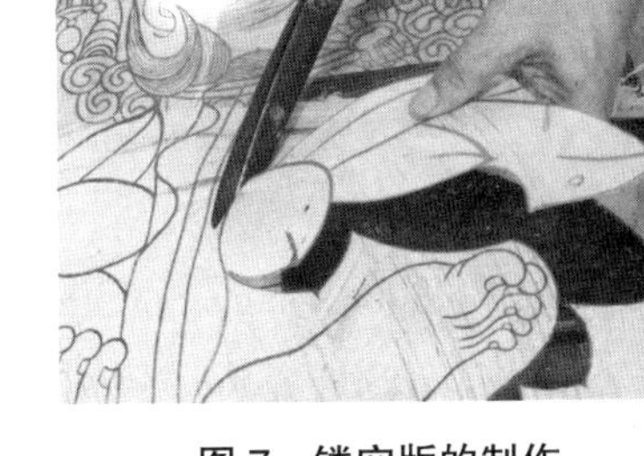

图7 镂空版的制作

4.3 丝镂画工序

丝镂画工序主要有丝网版制作、镂刻镂空版、印染等。以敦煌菩萨为例，首先要将一张绘制在透明的黑白图案轮廓线的底板放在灯箱上，将紧绷在钢木框丝网上感光胶、晾干后放在底板上、压紧、曝光、水冲后制成丝网版。将丝网版放在聚酯薄膜上印红并根据需要镂刻多个镂空版（图7）。将粘贴好棉麻布做上定位点，先用丝网版刮印出轮廓线，再根据需要用镂空版刷印出不同颜色并有渐变效果的色块，皮肤及微妙处手工加以描绘，最后装裱成画（图8）。

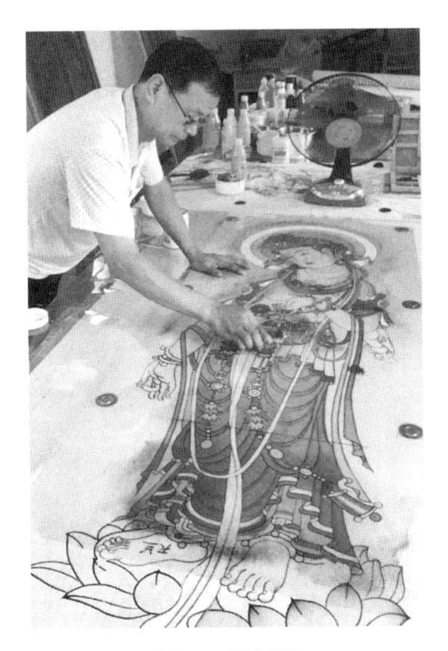

图8 丝镂画

参考文献

[1] 盛羽. 中国传统镂版印花工艺研究［M］. 北京：中国纺织出版社，2018.
[2] 李英华，霍连文. 魏县织染［M］. 北京：科学出版社，2010.

Traditional Chinese Stencil Printing and Metal Silk Screen Printing in Weixian

HUO Lianwen

(Weixian Cultural Center, Weixian 056899, China)

Abstract: Traditional stencil printing is one of the oldest printing and dyeing techniques in China. Metal Silk Screen Printing is a form of patterned fabric and printmaking printed and dyed on cotton and linen fabric, which is an innovative development based on traditional stencil printing.

Keywords: traditional stencil printing; metal silk screen printing; Weixian

畲族彩带及其相关文化之研究

黄 碧

（潍坊科技学院教师教育学院，山东寿光，262700）

摘要：畲族的彩带孕载着古老而美丽的传说。它是畲族姑娘定情的信物和定亲的回礼，还是族人驱邪祝福的吉祥物。彩带用麻、棉或丝线编织而成，是畲族妇女传统的工艺。文章拟在国家、社会发展的背景下，有序地探究畲族传统彩带与其相关的文化内涵，以期为畲族传统彩带文化的保护、传承、新时代新生命的蜕变尽一份心力。

关键词：畲族；畲族彩带；彩带文化

0 引 言

文化是一个民族的灵魂、根和精髓。[1]多元一体的中华文化，是各民族文化在自身与生存环境的互动关系中，经过漫长的族际融合形成的，生生不息地影响和引领人们的生存与发展。[2]畲族是中国 56 个民族之一，畲族自称“山哈”，畲语为“山里人或居住在山里的客人”。[3]根据福建省宁德市“中华畲族宫”的历史展厅所示：依全国第六次人口普查统计，全国畲族总人口约 71 万人，福建最多约 36.55 万人（其中宁德市约 20 万人），其次是浙江约 17 万人。可见福建是我国最大的畲族聚居区，畲族人口占全国畲族人口的 1/2，宁德市畲族人口约占全国畲族总人口的 1/4。

作者简介：黄碧，台湾省人，曾供职于福建宁德师范学院、山东潍坊科技学院，研究方向为教育学、社会文化、环境生态和艺术人文等。

1 畲族彩带的沿传

彩带，畲语叫“doi”，又称“拦腰带”“合手巾带”“带子”“丝带”“字带”与“腰带”等[3]，是畲族历史悠久、流传广泛的传统手工艺品。彩带可以是生活实用品、服装的装饰物，也可以是畲族姑娘定情的信物和定亲的回礼，还可以是驱邪祝福的吉祥物[4]。

1.1 美丽幸福的传说

彩带传说始于畲族女始祖三公主将上天时，留给畲族小妹的报晓鸡，寄托了对畲族后代婚姻美满、生活幸福的美好祝愿，从此，畲族开始了一个民族延续千年的“人文接力”[5]。

传说：畲族女始祖三公主要上天了，她把报晓鸡留给畲家小妹妹，报晓鸡每天会传达天下的大事。当报晓鸡和小妹妹诀别时，说：“我在封金山，喝过千年露水，尝过万种花草，内脏被露水花草染花了。我死后，你将我的肠子取出，就成为一条彩带，将胰子取出就成为一个香袋。当你定亲时，把彩带和香袋当作定情物，会祝福庇佑你们夫妻恩爱幸福，白头到老。”小妹妹都照着做了，婚后果然过着幸福又美满的生活。于是，畲族妇女就照着式样编织起彩带，从此彩带成为畲族人的吉祥物。

1.2 吉祥祈愿的传承

织彩带是以前畲族姑娘必学的手艺，小女孩在五六岁时，就跟在母亲身旁，透过口传身授的方式学习编织彩带。长大后，畲族姑娘会精心地编织一或两条彩带，作为爱的信物送给情人，并唱着山歌[6]，传达爱慕之情。

“一条腰带三尺长，送给贤郎带身上。

真心相爱有情义，年长月月结鸳鸯”。

在畲族传统婚礼中，定亲时，男方会送来“定亲礼”，女方必须要有姑娘自己织的彩带作为回礼，叫“定亲带”。畲族这种风俗，世代相传，他们还会唱着《带子歌》[7]，把自己诚心织的彩带，送给心爱的人，以定终生。

“一条带子斑又斑，丝线拦边自己织，

送给你郎缚身上，看到带子看到娘（姑娘——女子自称）。”

彩带又叫“长寿带”，是畲族老人一代传一代的宝物，长寿带是不能扔的。所以，畲族人习惯向年纪大的老人索取长寿带，年纪越大表示越吉祥。在闽东畲族中，保留这样的风俗：人死后，可穿着“凤凰装”式样的民族盛服下葬，唯独不能用彩带作陪葬品。畲族老人解释说，这因为彩带是避邪的吉祥物，不能给死者带走[7]。

1.3 朴素生活的坚守

畲族有着漫长农耕垦荒的历史，他们长期生活在山区与乡间，养成了简朴生活与勤耕劳作的习性。彩带，是畲族人民的日常用品，它可以是束衣带、扎腰带、背包带与刀鞘带等。畲族人民也通过彩带纹样记录他们生活的实境，以表达对美好生活的祈愿。畲族的彩带具有实用性、艺术性的特点，它既是物质的，又是精神的，不仅表现为古老、细腻的工艺，而且承载着实用功能、仪礼功能、教育功能和文化传承功能[8]。

2 编织彩带的技艺

彩带精美、实用，是畲族特有的手工艺品。畲族彩带的纤维用料有麻、棉、丝，一条彩带基本包括带边、带眼、带芯与带须（苏）。畲族彩带大多根据带芯部分黑色经线的根数取名，如景宁分 9、13、19、25、27、29 根等，其中 7、9 根织单排纹样，27、29 根及以上织双排纹样，17 根及以上可织字带[9]。

2.1 彩带线材

传统的畲族彩带一般只用一种线材，且大多以麻为材料。随着材料的拓展，增加了棉与丝的材质，正如畲族妇女所唱：“新织（耕）彩带织两边，蚕丝作芯棉作边（乾），织（耕）带山哈人古传，上古流传人份上[10]。”福建畲族彩带以黑、白两色为主来编织纹饰部分，彩带中蓝、黑色的色纱，是由天然染料蓝菁染成，有些彩带两侧还有黄色、红色及黑色的彩条，其中黄色由黄栀果、红色由枸杞、黑色由皂枥所染成。但是，黑白仍是作为带芯纹样的主流配色，充分体现朴实的畲族风情[9]。在 20 世纪五六十年代，类似目前丝光棉纱的白色“电光纱”用于织带边[11]。改革开放以来，由于贸易往来与文化交流的频繁，线材多样、染品多种和染色工艺的进步，彩带中带边和彩条的用色，也更为多变、多彩而丰富。

2.2 编织工具

彩带早期的棉线通常由畲族妇女自捻、自染而成，纺棉线的工具主要由铜钱和篾条构成，篾条顶部较细，成钩状，底部略粗，将铜钱卡住，如图1所示[10]。另编织彩带的工具很简单，只用3根小竹竿和一支尖刀形的光滑竹片即可。小竹竿，畲语称“耕带竹”，长度分别为15 cm、20 cm、15 cm，宽为1.2—1.3 cm。大竹片，畲语称为“耕带摆”，长为25 cm，宽为3 cm（图2）[12]。

图1 纺棉线的工具[10]

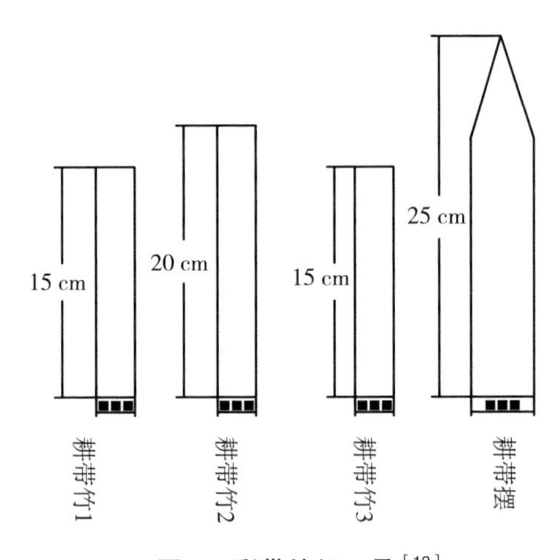

图2 彩带编织工具[12]

2.3 彩带编织

备妥线材和编织工具后，畲族妇女几乎可以无所不在地动手编织彩带。不需要固定的场所，只要3条竹片牵好经线、提好综（图3）[12]，把彩带的一端拴在凳角、桌上、门环、柱子或树枝上，另一端束在自己的腰间，双手轻快地提压带扣和穿梭，就可以开工编织[13]。因此，在屋内、屋外任何一个可以固定丝线的地方，都可以进行。彩带工艺的精妙在于畲族人民仅用四根小小的竹片，就能织出极具民族特色和充满民族精神的手工艺品，其中凝聚了广大畲族妇女的智慧和心血，是畲族民间手工艺的珍品，是畲族文化的重要物质载体[13]。

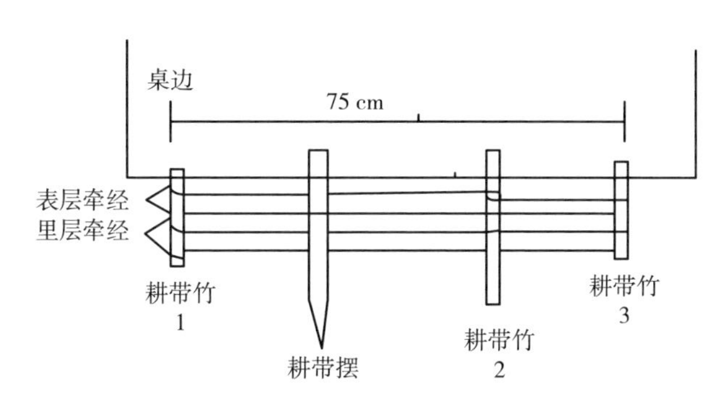

图 3 彩带编织前的整经[12]

3 彩带纹样的意涵

畲族彩带工艺精美、用途广泛，是畲族特有的手工艺品，无论从工艺技术还是审美都具有非常高的研究价值。畲族彩带的纹样，反映出畲民生活的写照、文化的传承，伴随着历史长流的推进，畲族的彩带还承载着“国泰民安”的祈福寓意。

3.1 生活的写照

畲族编织的彩带纹饰，有反映自然环境的纹样，如日、月、山、水、田等，有反映畲民劳动和生活状态的纹样，如山居、垦田、狩猎、绢织、踏臼等，也有反映畲族人文现象的纹样，如聚会、就业、交流、往来、融合，以及表达对亲邻的关心和重视等[14]，还有体现出畲民敬日、敬龙、敬巫、敬水、敬凤鸟等崇拜信仰，承载着远古时代畲族先民的祈福信息的图案[5]。这些图案元素，充分地表达了畲族人民崇尚大自然、热爱生活的情怀，也呈现着畲族人民与自然和谐共处的智慧结晶。

3.2 文化的载体

畲族有自己的语言，却没有自己的文字。畲族在与汉族融合发展过程中，他们借鉴甲骨文将汉字进行演化，形成这类似甲骨文的意符文字[8]。郭沫若先生认为:“我国文字要发展到甲骨文的水平，需要一千到二千年的时间。”专家们认为在甲骨文之前有一个“意符文字”时期[15]，文字进化后，早期的意符文字被人们遗忘，只能在考古中依稀看到这些原始文字的遗存。畲族人民在世代编制彩带时，把远古时代先民的祈福讯号传承了下来，也就是说畲族彩带用独特的形式保留了数千年前原始的“意符文字”，成为一种至今“活着的”史前文物[15]。因此，彩带成为畲族文化的载体，在畲族日常生活中起到了文字的传承作用。

3.3 民安国富强的祈愿

文字彩带（图4）随着时代的演化、畲民的演进，开始出现。晚清时期在闽东有“一去二三里，前村四五家，山楼六七座，八九十支花”等流传[7]。浙江景宁东弄村一位蓝姓女子，织出了《皇帝朝纪》字带:“风调雨顺，国泰民安，皇帝朝纪，宋元明清，顺治康熙，雍正乾隆，嘉庆道光，咸丰同治，光绪宣统，福禄寿喜，龙飞凤舞，荣华富贵，金玉满堂……”双排编制一共104个字[14]，也出现了。还有景宁上寮村保留一位畲妇在1966年前夕织的汉字带:“长命富贵，金玉满堂，福如东海，寿比南山；万古长青，风雨同舟，五湖四海，为人民服务，自力更生，艰苦奋斗。”共40多个汉字双行排列[7]。畲族的文字彩带，记录着畲民的生活，承载文化的积累，呈现着对家人、对国人的祈福与祝愿，就如“身心中良、人才出众，田肥禾壮、年岁丰收，风调雨顺，国泰民安”等民安康、国富强的民族大愿。

图4 文字彩带

4 畲族彩带的传承与保护

畲族彩带工艺精湛、纹饰丰美，有着源远流长的历史与文化价值。然而，随着时代的递进，潮流时尚的推移，畲族传统彩带，正随着时间的巨轮，渐次衰退式微。

4.1 传统工艺的式微

时代进步，经济发展，一些民族传统的生产、生活方式，面临消失的严峻挑战，畲族的彩带也深陷其中。当今在许多畲族年轻人的眼里，编织彩带已经不是生活的基本技能，成为可有可无的花絮；彩带、字带中的纹饰含义，已无法引起他们的兴趣[15]；以手工编织彩带，费时费力，又不符合经济效益；市场上布料品类大量添增，服饰花样也不断翻新，传统的畲族民族服装，年轻人已经很少穿着，就算在畲族重大庆典活动中，也只有偏远山村60岁以上的老人，才会穿上传统服饰。所以，编织彩带的人越来越少，编织彩带的技术和编织工具也逐渐地失传。

4.2 新时代文化复兴的使命

文化作为民族之魂，一直与民族相依存、共始终[1]。各民族文化的遗产，是中华民族巨大文化资产的源流，其价值是难以估量的。然而，当人们脱离封闭的农业社会文化，传统民族文化艺术就会迅速地消亡。为减少明天的遗憾，我们应尽力去记录、挽救与保护祖先留给我们的多样性文化，唤起更多人对民族文化艺术的认知和热爱，让畲族民族文化遗产——彩带工艺，能好好地保存、传承和发展。因为文化和生态一样的脆弱，一旦破坏了就难以再修复了。复兴畲族彩带工艺与文化，是新时代现代人应一起肩负起的民族重任。

4.3 广拓畲族彩带新生命

文化是民族的重要特征，是维系一个民族生存、延续的灵魂，是民族发展繁荣的动力与活力的源泉[1]。宁德市紧紧围绕各民族“共同团结奋斗，共同繁荣发展”这一民族工作主题，统筹协调好经济建设和文化建设，加强对民族文化资源的挖掘、保护与整合，深入做好文化的继承与发展工作，使畲族文化的特色更好地传承下去，扎实推进民族地区经济社会全面的发展[1]。

首先，保护与发展畲族的彩带文化，应以畲民的脱贫致富为基石，让经济发展的硬道理，有效地带动文化的发展。其次，让彩带带动时尚潮流，融入服饰设计中，尤其是彩带的传统纹样，可以依年轻人的视野、喜好，创新地设计。最后，还可以善用彩带男女传情与吉祥长寿等寓意，融合敬老活动与祈愿祝福等美好生活的向往，给彩带注入新的生命力。

5 结 语

文化为民族之根源，与灵魂、与民族相依共存。畲族彩带独特的工艺、纹样和民族文化内涵，传达着一个民族对生活的不朽追求，与民族文化传承的重要使命在宁德畲族乡村振兴战略的社会实践中，丰富的畲族民间文化无论在物质层面，还是精神层面，都具有不可替代的作用，都可以为畲族乡村提供充沛的给养。畲族民间工艺的活态呈现、畲族古民居的修缮整理、畲族歌舞艺术的打造展示、畲族传统体育项目的挖掘开发，都可以成为畲族乡村振兴项目的亮点[16]。

参考文献

[1] 钟雷兴. 闽东畲族文化全书（工艺美术卷）[M]. 北京：民族出版社，2009.1-150.
[2] 邱国珍. 浙江畲族史 [M]. 杭州：杭州出版社，2010.1.
[3] 金成熺. 畲族传统手工织品——彩带 [J]. 中国纺织大学学报，1999（25）.
[4] 陈敬玉，张萌萌. 畲族彩带的要素特征及其在当代的嬗变 [J]. 丝绸，55（6）：83-90.
[5] 徐键超. 景宁畲族彩带艺术 [J]. 装饰，2005（4）.
[6] 施联朱. 畲族风俗志 [M]. 北京：中央民族学院出版社，1989.98，128.
[7] 沈毅. 论畲族彩带艺术 [A]// 福建省炎黄文化研究会，福建省民族与宗教事务厅，中国人民政治协商会议宁德市委员会. 畲族文化研究·上 [M]. 北京：民族出版社，2007.501-511。
[8] 陈栩. 浅谈福建畲族彩带的保护和传承 [J]. 厦门理工学院学报，2009，17（1）：6-10.
[9] 吴微微，汤慧. 浙江畲族传统彩带的民俗文化与染织艺术 [J]. 浙江理工大学学报，2006（2）.
[10] 施联朱，雷文先. 畲族历史与文化志 [M]. 北京：中央民族学院出版社，1995.81.
[11]《景宁畲族自治县概况》编写组. 景宁畲族自治县概况 [M]. 杭州：浙江人民出版社，1986.30.
[12] 陈栩，陈东升. 福建畲族彩带工艺研究 [J]. 福建论坛（人文社会科学版），2011（4）.
[13] 王雪姣. 彩带传情——畲族织彩带工艺琐谈 [J]. 艺术生活，2015（4）：38-40.
[14] 陈栩. 福建畲族彩带纹样的象征意义——以宁德猴盾村畲族服饰文化为例 [J]. 福建史志，2008（4）.
[15] 王增乐. 景宁畲族文化资源分析和特色化发展思考 [J]. 怀化学院学报，2016，35（7）.
[16] 刘冬. 宁德畲族传统文化现代传承路径调查研究 [J]. 宁德师范学院学报（哲学社会科学版），2020（2）：5-11.

Research on *She* Ethnic Ribbons and its Related Culture

HUANG Bi

(College of Teacher Education, Weifang University of Science and Technology, Shouguang 262700, China)

Abstract: The *She* ethnic minority's colorful ribbons carry ancient and beautiful legends. They serve as symbols of love and betrothal among *She* girls, as well as auspicious talismans for warding off evil spirits within the community. These ribbons are traditionally crafted by *She* women using materials like hemp, cotton, or silk threads. This research intends to systematically explore the traditional *She* ribbon and its associated cultural significance in the context of the development of the society. Its aim is to contribute to the preservation, inheritance, and rejuvenation of *She* traditional ribbon culture in the new era.

Keywords: *She* ethnic minority; *She* ribbons; Ribbon culture

创新驱动科技传播与传统工艺科普微视频融合发展研究

刘思聪[1]　刘秀梅[2]

（1. 上海大学；2. 华东师范大学传播学院，上海，200241）

摘要：创新驱动科技传播与传统工艺科普微视频融合发展路径如何？如何尽快形成适应融媒体传播平台科技传播人才传统工艺科普微视频创新能力新生态发展的观念和认识？如何抓住最新的技术、更新换代的契机推动科技传播人才拓展传统工艺科普微视频创新发展的体系化建构？如何优化、重构、规范传统工艺科普微视频科技传播的科学性、趣味性、提高在世界科教领域的影响力？文章将从创新驱动传统工艺科普微视频集群化发展模式、激发传统工艺科普微视频科技传播人才求新求变能力、提升传统工艺科技传播人才与科普微视频内容融合的创造力等方面加以阐述。

关键词：创新；科技传播；科普微视频；传统工艺

0 引　言

在人类历史发展的长河中，中华文化博大精深，拥有上下五千年的文明，而其中世代相传的传统工艺，有些因为其工艺复杂、经济效益低下，如今面临后继无人而失传的境地。在以5G网络、物联网、人工智能、大数据、区块链为基础的科技迅速发展的时代，数字影像正在影响着人类社会的未来图景，也

基金资助：上海哲社课题“创新驱动健康科技传播与科普短视频有效融合发展研究”（2021JG003-BWY374）阶段性研究成果之一。

作者简介：刘思聪，上海大学在读博士研究生，华东师范大学硕士，主要研究方向为影视传播、科学传播；刘秀梅，华东师范大学教授、博士生导师，上海杉达学院时尚传播专业学科带头人，主要研究方向为影视传播、科学传播。

给载着鲜明的民族风格和地方特色的传统工艺带来了新的发展机遇。

创新驱动科技传播与传统工艺科普微视频有效融合发展的路径如何？如何尽快形成适应融媒体传播平台科技传播人才传统工艺科普微视频创新能力新生态发展的观念和认识？如何抓住最新的技术、更新换代的契机推动科技传播人才拓展传统工艺科普微视频创新发展的体系化建构？如何优化、重构、规范传统工艺科普微视频科技传播的科学性、趣味性、提高在世界科教领域的影响力？……这些问题的解决关系到我国深入实施科教兴国战略、激发人才创新活力的研究基础。

1 创新驱动传统工艺科普微视频集群化发展模式

2020 年 12 月 24 日，国家科学技术部发布 2019 年度全国科普统计调查结果：全国建设科普网站 2818 个，比 2018 年增加 4.84%；创办科普类微博 4834 个，比 2018 年增长 72.09%；创办科普类微信公众号 9612 个，比 2018 年增长 36.01%，其中制作科技广播影视节目总时长 3.6 万小时，制作科普动漫作品总时长 2.7 万小时，较 2018 年制作科技广播影视节目及科普动漫作品总时长大幅下降，制作传统工艺科普短视频百度全站关键字搜索结果 7.5 万条；两大短视频平台相关视频搜索结果抖音 461 条、快手 293 条；科普中国视频资源 37 条。设立传统工艺科普相关内容专有板块或频道的视频平台为零，以“传统工艺”“传统工艺科普”“传统工艺科普短视频”为关键词进行搜索，大多数视频平台搜索信息不够准确，没有细化分类，搜索结果中混杂大量无关视频。其中哔哩哔哩网站视频有标签化处理但搜索结果依然标签混杂不够清晰，科普中国的搜索结果切题率较高但视频资源量不够理想；而短视频平台抖音和快手的传统工艺科普类视频受商业化市场的影响在定位上摇摆不定，最终滑向带货的推广模式，视频的科普性质比较模糊。一方面，由于创作状态饱和以及新媒体用户生产内容模式的成熟，娱乐化内容始终在大众媒体平台占据主流；另一方面，由于视频平台没有细化分类，传统工艺科普视频没有垂直整合，给信息搜索以及科普推广造成一定阻碍。因此，为了提升国民科学素养、引领网络正能量传播、助推传统工艺科普传播，急需创新驱动科技传播人才发挥想象力、创造力，制作具有科学性、生动性、趣味性的科普微视频，加强科技传播人才创新能力的媒介生产内核建设，优化数据采集分类技术、有效整合科普微视频资源，借鉴国内外先进的科技传播经验，创造性发掘人类前所未有且无法回避的数字媒体科技传播创意设计能力。

在科技传播与传统工艺科普视频有效融合发展的进程中，集群化发展成为一种重要的形态，而科技传播集群可以是通过纵向整合形成的传统工艺产业链条，也可以是不同传播环节中各种形态横向融合组成的同类型集群，还可以是传统工艺产业链条中不同部分交叉融合形成的集群。在地传统工艺与他者传统工艺通过科普视频的形态，在网络传播平台中形成集群化，实现集群效应，达到数字影像化传统工艺垂直性繁衍生息的有效传播目的，从而创建科技传播与传统工艺科普微视频集群的运行模式。

中国科学技术协会与腾讯联手打造的“互联网＋科普”协议，是借助互联网传播的架构，中国科学技术协会发挥联系广大科学家、科技工作者的优势，运用腾讯这个链接每一个公众的“连接器”，通过科技传播人才使用标准化的互联网媒介语言，将最新、最权威的科学知识传播到公众头脑之中，最后科技传播人才与受众共同形成对于科技知识的交流互动。参与到这一互联网科技传播平台的科技传播人才必须熟悉标识性语言，即超文本语言，如 HTML，只有这样，才能通过这种超文本语言说明文字、图片、声音、动画等。这种组织信息方式将分布在不同位置的信息资源用随机方式进行连接，为人们查找，检索信息提供方便。随着手机等智能终端成为科学传播的重要阵地，“互联网＋科普”可以通过超文本语言即时即地将科技知识传播，这势必可让科技传播与传统工艺科普微视频集群化运行在网络社交媒体中更加容易，更大推动传统工艺科技内容、活动、产品等在腾讯多平台、跨终端的全媒体推送，使中华传统工艺科技传播瞬时全球化将变为可能。同时，也能推动传统工艺科技知识在移动互联网和社交圈中的流行，共同营造互联网＋科技创新环境，推动大数据、云计算等在传统工艺科学传播领域的发展与应用，提升传统工艺科学普及的社会影响力，促进全民相关科学素质提升，创新驱动移动互联网传统工艺科普微视频集群化发展模式。

2 激发传统工艺科普微视频科技传播人才求新求变能力

由于人类文明发展进程的历史局限，一些具有科技传播价值的传统工艺，最初的传播只能以人的个体为媒介展开口口相传的形式进行。随着科技传播视听语言传播平台的开发，影视技术的拓展，电影科教片、电视科教片等对科技进行创新性传播，特别是网络平台的科普微视频创作其速度、普及性得到了大大的提升，数字集群化传播平台的演化为中国传统工艺科技的创新性传播增强了效果，得到广大公民的重视，改变了传统工艺的传播方式，扩大了其传播渠道，让传统工艺的设计与制作流程借助数字化影视语言得到创新性传播机会，易于被大众所接受。

熊彼特（Schumpeter）在20世纪20—30年代提出创新概念，被视为现代创新研究的奠基人，但创新思想可追溯到亚当·斯密的《国富论》[1]与马克思的《资本论》[2]。到了20世纪上半叶，熊彼特仍在发扬这一古典传统。他在其著名的《经济发展理论》一书中明确指出，现代经济发展的根本动力不是资本和劳动力，而是创新[3, 4]。莫雷诺（Moreno）、帕奇（Paci）和乌萨伊（Usai）认为自主创新与模仿创新是科技创新的两种主要方式。在一些拥有特殊条件的地区会产生自主创新现象，这些地区人力资本和知识储备丰富、交通区位便利、知识信息处理水平高、教育发展速度较快、产业集群发展好，整体上形成能促进自主创新的优良环境。这些支撑条件往往趋向于在某些具体区位集聚，这种依赖性造成了自主创新空间分布的非均衡性。塔塞尔（Tassey）认为，从创新驱动的流程看，它涵盖了科学基础、技术开发的“黑箱”、科技成果的创新转化、创新活动的扩散。所以，如何发挥想象力，运用数字技术创作传统工艺科普微视频，使其既生动有趣又具有科学性、创造性是关键。近年来，围绕创新驱动及互联网背景下的科技传播，国内学者及相关从业人员展开了大量讨论[5-10]。

从科技传播的业界发展的角度来看，因为大多数传统工艺的科学技术属于高深、复杂的，所以难以让大众理解和接受，也难以普及。如果能够激发传统工艺科普微视频创作人才的想象力、创造力，将其成果转化为视听语言，将许多传统工艺师手下的复杂工艺，运用不同的视听视角、不同的新技术创新性呈现，让学习者在兴趣中学习科学原理，体验技术作用；同时，借助数字媒体技术与艺术符号的表现力，创作出具有情感性、生动性的科普微视频，则有助于调动大众对传统工艺科技成果的兴趣和主动观看性，有助于大众对高精尖传统工艺科技成果的理解与接受，特别是融媒体时代，数字影像的传统工艺的科技传播，其传播的速度、广度、影响度远比传统线下实景的传播效果好。数字技术与传统工艺科技文化内容相结合正在形成一个庞大的数字传统工艺内容产业。

所以，创新驱动科技传播与传统工艺科普微视频的有效融合有助于全民科学素养的提升。求“新”求“变”便成为“激发传统工艺科技传播人才创新能力”的关键与落脚点。

第一，创新驱动与传统工艺科普微视频创新传播人才的关系。创新驱动发展战略本身直接显示出 3 个要点：驱动对象、驱动方式和驱动力源泉。

从战略学的角度看，创新驱动的战略方向即为创新驱动什么和要达到什么样的驱动意图，这是践行创新驱动的价值导向性问题。创新驱动的实质是人才驱动，驱动对象是人。人才是创新的第一资源，传统工艺科普微视频创新传播人才是科技传播人才资源中的重要资源。习近平总书记在党的十九大报告中明确提出“打造共建共治共享的社会治理格局”的要求，这是新时代社会治理的新目标。实现这一目标，需要推动政府、市场、社会之间多元主体的科学分工与有效协作，充分汲取并发挥各界力量进行协同创新。党的十九届五中全会又进一步指出“推进学科交叉融合，完善共性基础技术供给体系”等，而在传统工艺科普微视频的创新传播进程中，如何发挥协同创新的整体性和动态性，是传统工艺科普微视频创新人才需要解决的基础性问题。

驱动方式是以适应市场和时代的需求，推进实施高校跨专业、多专业联合培养科普微视频创新人才。传统工艺科普微视频的创新人才是视频创作技术与传统工艺知识两方面能力的综合体。许多传统工艺的科技传播人才或视频创作者同时担当着科学知识普及者和视频内容制作者两个角色。的确，当今社会国民素质普遍提高、人均学习能力显著增强，人才市场“内卷”严重，新时代人才博学多才、一专多能愈加常态化。而人才的培养与教育息息相关，专业性人才的培养不是意味着只专注于一个能力的培养，各学科间相互交叉，知识相互渗透、能力互为补充，因此孤立、单向的培养很难适应市场和时代的需求，推进实施高校跨专业、多专业联合培养科普微视频创新人才势在必行。

驱动力源泉是创建具有通力协作创作优质的科普微视频的综合实力团队。在发展创新人才多方面能力的同时，推进协同合作也是必要的，通过分组任务或团队竞争培养，人才不单指某个个体也是多个个体集合的总称，多个专业性人才的集合力量形成一个团队的综合实力。创作优质的科普微视频更多地需要一个团队的协作，因为视频创作工作量较大，如果各专业性较强的传统工艺人才能各司其职、各展所长、集思广益，共同打造一系列的优质视频内容，就能够将各个成员的能力发挥到最佳，并使团队力量大于单个个体的创作能量，迸发出更大的创作激情和更多的创新灵感。一方面，通过制定针对性的教育方针，增加分组任务或适当的团队竞争，培养学生的合作精神和团队意识。另一方面，在视频制作的社会合作背景下，相关职能部门的协同配合显得尤为重要，完善自媒体市场监管机制、规范自媒体市场行为、净化市场竞争环境，进而引导市场良性竞争、优化资源配置，为视频创作创造更有利的合作条件和合作空间，间接性推动科普微视频创作的团队协作发展。

第二，科学应该是客观知识，应是放之四海而皆准的，但科学又是紧紧围绕人类社会的生活而生根、发芽的，发挥其科学价值的。科幻电影、科教类电视节目、网络科普微视频及自媒体科普节目等成为传播科学知识和科学精神的方式与路径。

在科技传播与传统工艺科普视频有效融合集群的发展模式基础上，激发科技传播传统工艺科普微视频人才创新活力，弘扬科学精神和工匠精神，对传统工艺进行保护、传承与振兴，完善传统工艺科普微视频融媒体平台传播的供给体系，服务于国家创新驱动战略。

3 提升传统工艺科技传播人才与科普微视频内容融合的创造力

在传统工艺科技传播过程中，各类信息的载体发挥媒介的作用，同时增强媒介记忆功效，而新媒体是媒介传播的重要平台和渠道。传播者不仅包括科学传播的发现者、发明家，而且包括对发明创造的具体技术内容进行诠释、演绎的传播主体；在融媒体信息化传播平台形成数字化或网络空间后，传统工艺的受传者不仅属于被传播的对象，而且还可以成为受传主体和传播主体，身处多维空间，传统工艺科技传播渠道与方式丰富而复杂。

在平台方面，网络视频作为科学传播工具的巨大潜力得到了大众的广泛认可，特别是在与观众建立对话和不同形式实验的可能性方面，研究者发现互动视频在吸引观众的注意力、激发他们的兴趣和增进他们的理解方面更有效。对于在线互动科普视频，如果制作人能够找到足够的超叙事类型来安排一些“节点”，让观众回答问题或决定故事将如何继续，就会产生更多的兴趣和参与；音乐视频可以成为科学传播和科学教育的有效工具；科学教育视频可以显著提高学生的学习兴趣，并加强他们对重要的基础概念的理解，即使是对视频不抱积极态度的学生也能从中受益。

在科普视频创作中，因为新媒体快速发展，微视频以其“短、平、快”的特点，受到公众和科普工作者的青睐，并为科学传播工作带来了强大的推动力，使科普事业得到大众化的有效科学传播，设计制作适宜的科普微视频势在必行。同样，对于兼具科学性和艺术性的科普视频创作而言，科学顾问这个岗位是不可或缺的，对视频质量好坏起着至关重要的作用。

传统工艺科普微视频的创作 = 典型案例 + 人才的能力 + 科学技术与科普结合 + 视听语言表达。

传统工艺科普微视频的创新是科学性和艺术性结合的产物，是工艺知识人才和设计制作人才结合的产物。科普微视频创作经过近几年的发展，视频类型已经有了很多创新，现有新媒体市场中的类型可以大致划分为五种：讲解类、实拍类、剧情类、动画类、混剪类。其中讲解类、实拍类较多，近两年动画类、剧情类大幅增长，时尚混剪类的创新视频也时有涌现。讲解类、实拍类因拍摄难度小、拍摄成本低，被大多数不太擅长视频内容创作的传统工艺科技传播人才所采用。

通过调研抖音、快手两大短视频平台中的传统工艺类科普短视频资料发现，其中两个平台中点赞最多的视频均是采用实拍的方式，而视频点赞量较高的原因均是侧重于突出传统工艺背后的情感内涵。通过对比观看量和点赞量可以看出，抖音视频用户数据更为庞大，因此，本文将抖音传统文化科普微视频数据作为主要分析对象。抖音传统文化科普短视频相较其他视频内容还是相对较少的，在 461 条短视频中点赞量较高的视频更占据着较小的比例，关注粉丝较多的视频号主要集中在“创手艺”“非遗大宇”“竹编技艺大师”“弹指木匠”“了不起的匠人”，但视频内容大多比较相似，视频推送也比较集中，总体来说形式内容上没有太多创新，同质化严重、缺乏新意，以主打感情牌突出人物，其点赞量主要是把握大数据的垂直密码而获得了视频筛选的优先权。

传统工艺科普微视频相较其他类科普视频类型形式不够丰富，动画类或剧情类的创新相对粗糙，为此，传统工艺科普微视频的创作可以借鉴母婴类、日常百科类、儿童知识类科普短视频形式，因为我们发现一些日常百科类的、儿童知识普及类的科普视频的形式已经做得非常有趣了。比如日常百科类视频号“唐唐”，粉丝量 3000 万 +，获赞总数 5.2 亿，视频采用动画的形式，卡通形象可爱不低幼、配音搞笑有特色、剪辑流畅有看点，视频内容多是一些简单的日常趣味知识。我们在做传统工艺科普视频时可以借鉴这种时尚风格的动画形式，试想，将复杂的传统工艺知识用这种时尚有趣的形式科普给大家，将更具科学性和传承价值的知识亲民化的科普给大家，是不是更有意义也更加有质量？

传统工艺科普微视频创新 = 科学性 + 艺术性 = 工艺知识人才 + 设计制作人才。

在各种类型的科普短视频形式中，动画与传统工艺科普微视频的结合是这两个公式应用的典型案例。传统工艺知识具有一定的理解难度，用动画艺术的方式将生涩的知识转化为更易于大众理解的方式科普给大家，是艺术性与科学性有机结合的体现。对于动画类的科普视频创作，动画的风格和卡通形象的创作是非常重要的，过于低幼的动画与科学性的知识不相匹配，过于简化的动画又没有观众缘，因此一个具有时代气息的与主题相符的动画形象和动画风格是动画类科普视频创作的关键。这时单一的科技传播人才满足不了传统工艺如此专业化的转化要求，因此与专业的美术设计、动画制作、视频剪辑人才合作，才能将传统工艺知识传播出去，体现出传统工艺知识人才与设计制作人才协同合作的创新力量。传统工艺科普微视频的创作少不了科学顾问的把控，也少不了内容创作者的艺术创作。

如何把握科技传播人才与科普微视频内容融合的历史性机遇、实现内容生产与传播方式的更新换代？很多人认为，科普无非是把科学事实用比较浅显的语言说出来，好像很简单。但事实上，科普并不简单，做好科普必须要深入到科学最深处，真正能回应公众的需求。据统计，在“中国科普网站导航”收录的 310 个科普网站中，只有 8 个网站开设了科普微视频相关栏目，而且这些网站的科普视频大多转载自其他视频网站，原创科普微视频不多。中国数字科技馆开设的《科普网视》栏目是其中做得最好的，该栏目下开设了 167 个专题，96%的专题内容都是原创，涉及自然、人文、科技、生活等各个方面。在优酷 19 个自频道中，科普微视频只在其中 3 个自频道有分布，所占比例只有 1.1%；教育类频道共有 103 个，其中科普微视频频道 9 个，占比 8.7%；动漫类频道总数为 93，其中 6 个为科普微视频频道，占比 6.5%。科学性是所有科学作品的生命和底线，科普作品担负着向大众解释科学疑问、传播科学知识，培养大众科学思想，进而提高大众科学素养的职责。纵观优秀的科普微视频都是以科学内容的揭示而获得生命力的。但是，目前我国科普微视频缺乏科学的严谨性，一是视频创作内容浅显，呈现简单化和低幼化，系统性不足；二是制作水平影响科学内容的表达，不利于受众进行深入的思考。

在科普视频传播中，国家明确提出要重点提高科普创作研发传播能力，大力支持优秀科普作品（影视、微视频、微电影、动画等）的传播；新媒体的兴起给科普视频带来了更先进的平台，拓展了传播的空间和维度，为科普视频传播提供了更多的发展机遇，也带来了新的挑战。我国科普视频的创作主要分为两类，一类是专业的老师教授以及专家创作的，他们具有专业的知识但是对视频的创作缺乏技术与经验，制作的视频缺乏吸引力，比较单一化；另一类视频是设计师主导的，他们可以做出比较卡通的或者比较活泼的扁平的视觉风格，但是他们所呈现的知识内容都比较浅显。

在科普视频发展中，数字技术引发了数字革命，不仅改变了公众的生活方式，也大大提高了公众参与科学活动的意识，数字科普成为数字化时代科学传播事业的主流；担当科学普及使命的影视作品经历着由形式至内容，由传者至受者，由目的性至日常化，由单向度至多重性的审美创作与传播转向；科普类的视频行业也出现了 6 个发展趋势上的转变，这 6 个方面的转变对后期科普视频行业的发展产生了一定影响，随之而来也带给科普视频制作一些挑战。

在科普视频对策中，应采取科学与剧联姻的故事化叙事模式，创设现场实验体验等开放互动场景，开发植根中国传统文化的科普作品，扩大科普影视创作的国际交流，着力培养专业科普影视人才。

科技传播的主体、科技传播的内容、科技传播的形式、科技传播的平台、科技传播的组织机构是科技传播产业链构建基本要素，在科技传播的社会实践中用认识论、方法论辨别伪科学，这就是科技传播促进公众科学素养提高的表现。然而，更多的社会成员开始通过科技传播关注、了解、重视科技领域的相关内容，这有助于使公众大力支持乃至踊跃投身于应用、发展科技的事业。同时，公众对科技的态度、认识、评价等因素又会直接影响科技的长足发展。如果公众科技意识强、科技素养水平高就会更加自觉地意识到科学技术的重要性，进而形成一个良好的社会环境，在该环境中投入更多的力量用以支持、发展科技事业，让科技领域对具有相关知识能力的人才产生更大的吸引力，吸纳其投身科技传播事业，使科技领域蓬勃发展，诞生出更多、更好的成果，这就是科技传播各主体要素发挥的有效传播效果。

综上所述，科学教育需要调动各方力量发挥合力作用，通过模块化的方式进行分解和整合，进而提升复杂的全民科学教育体系中各模块化科学传播机构的创新能力和竞争力。

为适应数字化信息时代科学文化发展的需要，要努力拓展传统科技文化传播渠道，提高传播效率，挖掘科技传播的展示形式，使其更具可视性、趣味性和互动性。同时，探讨文化创新与科技创新对社会的综合价值和影响力，加大民族科技文化传播的实效性。

参考文献

[1] 亚当·斯密. 国富论 [M]. 北京：华夏出版社，2006：24–26.

[2] 马克思. 资本论：第一卷 [M]. 北京：人民出版社，2004.

[3] JOSEPH SCHUMPETER. Economic Doctrine and Method [M]. Oxford：Taylor and Francis，2013.

[4] 约瑟夫·阿洛伊斯·熊彼特. 经济发展理论 [M]. 北京：商务印书馆，1990.

[5] 佚名. 互联网时代的科技传播[J]. 传媒，2022，(24)：6–7.

[6] 周宁. 科普短视频传播策略的思考与探析[J]. 传媒，2021，(18)：79–81.

[7] 孙云龙. 全媒体时代科技传播面临的挑战与破局[J]. 青年记者，2021，(04)：56–57.

[8] 金心怡，王国燕. 抖音热门科普短视频的传播力探析[J]. 科普研究，2021，16(01)：15–23+96. DOI：10.19293/j.cnki.1673–8357. 2021. 01. 001.

[9] 孙灿. 农业科技短视频传播的实践困境及治理[J]. 青年记者，2020，(17)：6–7. DOI：10.15997/j. cnki. qnjz. 2020. 17. 004.

[10] 李霞，陈耕. 抖音与科普：社交媒体传播功能再探析[J]. 传媒，2020，(02)：49–52.

Fusion Development of Innovation-Driven Technology Communication and Traditional Craft Popular Science Micro-Videos

LIU Sicong，LIU Xiumei,

（Shanghai University，School of Communication, East China Normal University, Shanghai 200241, China）

Abstract: What is the path to the fusion development of innovation-driven technology communication and traditional craft popular science micro-videos? How can we quickly instill the concept and understanding required to adapt to the new ecosystem of talent in technology communication and the creation of traditional craft popular science micro-videos on integrated media communication platforms? How can we capitalize on the latest technologies and opportunities for upgrading to drive the systematic construction of innovative development in traditional craft popular science micro-videos by technology communication talent? How can we optimize, restructure, and standardize the scientific and entertaining aspects of traditional craft popular science micro-videos for technology communication and enhance their impact in the global field of science education? This paper will expound on these aspects.

Keywords: innovation；technology communication；popular science micro-videos；traditional craft

花丝镶嵌简史

曹梦洁　高柯立

（北京科技大学科技史与文化遗产研究院，北京，100083）

摘要：梳理了北京传统手工技艺花丝镶嵌的历史源流，重点考察近代以来该技艺及其行业的发展情况。附件是“花丝镶嵌”相关历史资料总表。

关键词：北京传统手工技艺；花丝镶嵌；史料库

0　引　言

北京市社科重点项目“北京传统手工技艺文化资源价值挖掘与传播创新研究”致力于系统搜集整理古代至近现代主要的北京传统手工技艺的考古、文献资料，形成综合性的史料库，并重点追溯“燕京八绝”中六大传统手工技艺的发展源流，深度挖掘其文化资源价值内涵；同时对北京手工技艺文化资源的利用现状进行系统的社会学调查，总结并发现问题；最后从传播学和政策研究的角度对北京传统手工技艺文化资源的综合利用与传播创新提出对策建议。根据该项目的计划，我们对北京市 21 项北京传统手工技艺的历史文献资料和博物馆藏品信息进行了收集和整理，这里要呈现的是“花丝镶嵌”部分。下面先就本项目的文献信息收集方法进行简要说明，并梳理“花丝镶嵌”的历史源流，重点是考察近代以来北京“花丝镶嵌”技艺及其行业的发展情况，附录是所收集“花丝镶嵌”资料总表。

本项目分为 3 项子课题，“北京传统手工技艺史料库”是其中一项，计划对

基金资助：北京市社科重点项目“北京传统手工技艺文化资源价值挖掘与传播创新研究”的阶段性成果。

作者简介：曹梦洁，北京科技大学科技史与文化遗产研究院硕士研究生，研究方向为传统工艺、中国科学技术史。高柯立，北京科技大学科技史与文化遗产研究院副教授，研究方向为中国科学技术史、传统工艺。

明清以来的正史、政书、档案、方志、笔记、文集等文献，以及民国时期的各种市政公报、经济调查、实业报告、民俗调查、博物馆杂志等文献，进行系统的检索，对北京传统手工技艺的历史文献进行系统收集和整理，建立北京传统手工技艺史料库。在项目启动时，项目组讨论制定了《传统技艺文献检索、归档的流程和规范》，基于现有的数据库（“鼎秀古籍检索平台”“晚清民国期刊全文数据库”“民国图书库”）和相关文博网站，对 21 项北京传统手工技艺的历史文献和博物馆藏品信息进行检索、采集，所采集的内容包括文献版本信息、文献内容和相关图像资料，并对所采集的内容加以分类和归档。本文即根据检索“花丝镶嵌”所得资料整理而成，包括古籍、民国期刊报纸、图书和博物馆藏品信息等，大体按照文献编撰时代为序安排，每个数据库集中在一起。

1 “花丝镶嵌”的历史源流

“采金为丝，妙手编结，嵌玉缀翠，是为一绝。”花丝镶嵌是一门传统手工技艺，主要使用金、银等材料，通过镶嵌宝石、珍珠或编织等工序，制作成工艺品。它历史悠久、源远流长，2008 年被列入国家级非物质文化遗产名录。花丝镶嵌的核心工艺为花丝和镶嵌。其中花丝工艺指的是选用金、银、铜为原料抽成细丝，采用掐、填、攒、焊、编织、堆垒等传统技法。镶嵌工艺是以挫、锼、捶、闷、打、崩、挤 、镶等技法，将金属片做成托和瓜子型凹槽，再镶以珍珠、宝石。北京的花丝镶嵌工艺长久以来深受宫廷文化的影响，常以金银花丝结合各类宝石镶嵌，形成了以编织、堆垒见长，还常采用点翠工艺的技艺特点和富贵华美、奢华绮丽的整体艺术风格。

花丝镶嵌与金银细金工艺的概念使用时有混淆，学界看法不一。我们认为花丝镶嵌属于金银细金工，但不等同于金银细金工艺。花丝镶嵌是以金银珠宝为主要原料，以花丝、镶嵌为主要工艺（核心工艺是花丝工艺），并灵活集合了其他如錾刻、镀金、点翠、镂空、珐琅等制作工艺，是一个集成的传统手工技艺。概言之，花丝镶嵌工艺与金银细金工艺有着密切的关系，是金银细金工艺的一种，在工艺制作程序以编织、堆垒见长，兼具点翠、珐琅等工艺的集合，又地处北京皇城故都形成了独有的宫廷风格而具有了特殊性。因此，二者不能完全等同。实际上，目前在中华人民共和国成立之前并未发现有“花丝镶嵌”这一词语的出现，而只发现有与之相近的“累丝厢嵌”“金丝相嵌”等词语。到了民国时期，出现了花丝业和镶嵌业两种行业，但仍未将花丝与镶嵌二词合并起来使用。1948年平市特种工艺品展览会的报道中曾记载：“平市特种工艺品展览会，展品计十五种，为地毯，……花镶嵌及宫灯等，多者有四百年历史。”[1]其中“花镶嵌”一词已与现代的“花丝镶嵌”相近。根据颜建超等学者的研究，《北京市特种手工艺联合会会员情况瞭解表》这份档案中将花丝行业生产的产品称为“花丝镶嵌”，至此始见“花丝镶嵌”一词被作为一种特定称谓使用。1952年“花丝镶嵌”已经被当作一种手工艺名称使用。总而言之，在中华人民共和国建立初，才将制作花丝镶嵌工艺品的制作工艺如花丝、镶嵌、錾刻、镀金、点翠、珐琅等工艺合并统称为花丝镶嵌。最终形成了以“花丝镶嵌”来统一描述以花丝、镶嵌工艺为主要制作工艺的现代金银细金工艺产品，同时也包括古代的该类型工艺品[2]。

花丝镶嵌工艺的起源主要有两种说法：一种是起源自商代；另一种是起源于春秋时期的金银错工艺。这一时期较少有文献记载，因此大多根据考古出土物判断。从出土资料来看，我国的金银制作和镶嵌工艺起源较早，但直至汉代才出现工艺繁杂的精美的“花丝镶嵌”工艺品，并且多作为装饰品出现。从文献角度来看，直至汉代时期仍未出现于现代花丝镶嵌工艺直接相关的条目记载。总之，至汉代时，金银多为社会权贵阶层身份等级的象征和代表，金银器制作工艺也已基本形成了花丝镶嵌细金工艺体系。

自魏晋南北朝以来，至元代，花丝镶嵌的分工越来越明晰，工艺种类越来越多，制度也越来越完善，自唐代起开始设立专门的机构掌管金银细工制作之事，花丝工艺日臻完善。在风格方面，佛教元素开始渗入，从唐朝的雍容华贵，转向宋元时期的清丽素雅。这一时期还形成了龙凤、瑞果等一直沿用的纹样及器型。在使用方面，虽然因金银的货币属性，不断限制民间使用金银器物，设立官方手工艺作坊，总体上为皇族、贵族在使用，但民间商贾、酒楼等仍不乏使用，且金银开始作为首饰被女性使用，在婚嫁传统中占据了重要地位。自唐代起，虽仍未在古籍中见到“花丝镶嵌”这一词语，但有关金银细工之事和相关花丝镶嵌的物件的记载开始出现。至此，花丝镶嵌工艺无论是在技术上还是审美风格都发展得基本成熟。

明清时期是花丝镶嵌发展的繁荣鼎盛时期。明朝时的金银饰品工艺精美，风格奢华。从其生产和技艺上讲，明代的花丝镶嵌方法更加齐全，技艺更纯熟。明朝宫廷内府设立了银作局，为了满足供帝王、后妃的享用需求，监管那些来自全国各地的金匠，实行了工匠轮班制，能工巧匠们充分发挥各自的智慧和技术特长，所作出的花丝镶嵌器物更加精巧。最具代表性的“万历皇帝翼善金冠”及“后妃风冠和首饰”，彰显了明代花丝镶嵌高超的技术和艺术水平。明朝时期花丝镶嵌等金银首饰也逐渐以北京的为质量上乘、精湛技艺的代表，北京的金银首饰制品备受推崇。

清朝的花丝镶嵌工艺进一步发展，分工更加精细，艺术风格上同样华丽繁复，其以“金瓯永固杯”最为著名。从生产和技艺方面看，清朝养心殿内设立了专门制造宫廷皇家用品的专门机构，即造办处，集中了全国各地技艺卓绝的金银制品的有名工匠。根据有关档案记载，造办处的各类专业作坊有 60 多个，有金玉作、珐琅作、鋄作、累丝作、镀金作、花儿作、镶嵌作和錾花作等。可以看出，清代的花丝镶嵌制品是需要各作坊共同制作的集成工艺。这一时期的花丝镶嵌更加繁荣，机构更加完善、并且工艺涉及的范围也越来越广。除宫廷内的造办处外，北京城民间经营有各首饰楼也制作金银首饰，制作金银首饰的手艺人被称为银匠。打磨厂内戥子市向来是首饰楼聚集之所，承造满籍贵族妇女之扁方垫子（满人梳两把头，其顶梁之横簪名为扁方、其底部曰垫子）镶嵌金玉珠翠，备极精巧。[3] 因而清朝时，金银首饰行至少已达千余人规模，可见清朝时期北京花丝镶嵌工艺的繁荣。

2 近代北京“花丝镶嵌”技艺和行业的发展

鸦片战争以来，中国社会经历了动荡与变革，清朝的对外赔款和列强的掠夺导致金银大量外流。辛亥革命后，最后一个封建王朝清朝随之没落，花丝镶嵌等皇家工艺辉煌不再，宫廷作坊随之解体，服务于宫廷的匠人也在这段时间逐渐流落民间，并且主要聚集在金店和首饰楼中。

从制作工艺方面讲，《北京市工商业概况》中记载，首饰制法分为打活、砧活、攒丝、拔丝、捶金、镀金、发蓝七作。

（1）打活作，又名实作，乃制品之初步。例如作瓶、作壶、作人物器皿、须先作胎骨，非用打活不能成其形式。此打活有单独之作坊、是为打活作（白金亦能打、唯不能化）。

（2）砧活作，或曰錾作。制品成形后，应作何种花样、何种边缘，以及有无镶嵌之处，需用砧子錾之，其法先将胎形用松脂焊于板上，或须用模者，则将银液倾于模上，而后施以錾工。此砧活之作坊、呼曰砧子楼。

（3）攒丝作，又名掐丝作。掐与攒微有不同。掐丝者将丝剪成小段，逐渐盘成相当之形、其手续较慢。攒丝者将丝预为编成式样，为整个之工作，其手续较速。凡活面之应镶嵌金银丝者、即用攒丝作。

（4）拔丝作，以金银质拔成粗细金银丝，用以镶嵌活面，此作亦有专行。

（5）捶金作，以金捶成薄片，为首饰包金之用。闻其捶法，能以五钱重之金块、捶为二寸见方之金箔千余张。其包金之法，先将所包之件置火上烤热，以镊取金箔敷于活面，再以玛瑙压平之微烤即得。

（6）镀金作分三种，即火镀、洋镀、电镀是也。火镀为我国旧法。将赤金熔解于水银液中（水银能熔解金属），即以被镀之银器置入、来回搅拌，至银器全部骤变为黑色乃取出用火烤之，则水银飞去，金质金属于器面。此法近不多用。洋镀、即浸渍镀金法。用焦性磷酸苏打及氯化金等作金液，以被镀之物浸渍其中金上。此法极简易，近多用之。电镀，即溶衰化金钾于水，以电气通过其中，系纯金片于电池之阳极，系被镀之银器于阴极。于是阳极之纯金遂附着于阴极之器面。此法亦普通所用。

（7）发蓝作，简称曰蓝作。即指银器上所涂之珐琅质颜料而言也。最初只有蓝黄紫绿淡青诸色，近则有数十种之多，作法与景泰蓝相仿佛，所不同者景泰蓝所用颜料、系博山产、须经多次火烧，施以多次磨工，发蓝所用颜料系舶来品、性易溶解，无须多烧多磨。此法为用最广。[3]

原本以上工序都有各自的作坊，但民国时期各首饰店多自备有作坊，不必一一过行。惟遇活件较多之时，即发交给各作坊（此项作坊以西河沿内三府菜园为多）代制，按件计值，并且会在制品上印制有本店字号，表示信用。

从其生产状况来看，花丝镶嵌的手艺人聚集在北京前门、花市一带，当时北京的前门外廊房头条、二条、珠宝市，都是有名的金银珠宝街，菜市口、西四一带则分别以宝石、珠料加工和点翠为主[4]。例如，前门外廊坊头条的宝恒祥金店、前门外西河沿的乾泰金店、珠宝市的宝昌金店、廊坊头条的聚泰号等。金店与首饰楼为两回事，金店专营金条、金锭之兑换，或存款与汇兑等事，而首饰楼则制造和售卖各种首饰及金银器皿，因而分别成立两会：一为金店业同业工会，一为首饰业同业工会。金店工资自一元至十二元，首饰楼工资自五六元至十数元。金店和首饰店一般分为前后柜，前柜专作门市、后柜专作手艺，凡学生意者属前柜、学手艺者属后柜。因而，民国时期的花丝镶嵌的产品制作按技术实力逐渐走向专业化分工生产。花丝镶嵌手工业正是依托金店和首饰行才得以传承和延续。

在艺术风格方面，虽然金银厂商数量众多，但技术工种较分散。因此工艺繁复的高档、大型的陈设不多见，大部分制品为婚娶、生子、生日庆典的礼品和首饰、银盾以及实用的银碗、银筷、银刀、银勺等。为顺应潮流，花丝镶嵌行业也力求改革，在首饰制作外，多制他项物品，如钟鼎瓶炉、杯盘碗著、盾、牌、人物以及各种玩具，如轮船飞艇、火车、汽车等，悉用银质珐琅，制作精巧，极为外人所欢迎。每遇有大规模之运动会，或各要人知婚嫁寿庆等事，与夫国外之观摩比赛，需用大批奖品及礼物，即为各首饰业之最好时机[3]。

在消费市场方面，辛亥革命后，外国商人纷至沓来，花丝镶嵌制品主要市场为向外出口和向本土内销。民国时期虽然门面大多堂皇，但大多交易凋敝。原因：其一，社会动乱，居民（尤其是农村居民）经济困难，金价也大涨，家中的金银物件很多拿去典当以补贴家用，少有能负担得起昂贵的金银装饰和饰品。《北平郊外之乡村家庭》中记载："当物之多数原因在于日用不足，所当之物品多属衣服，尤以棉衣与皮衣占大多数，金银首饰次之，此外则为屋中之陈设与用具。"[5]其二，移风易俗，民国时期妇女剪发风行一时，因而旧有的扁方、金簪等首饰使用频率降低。其三，欧美外货进入中国市场，如耳环手钏戒指衣扣发针之类，无论新旧式样，皆层出不穷，随处皆有，价既廉而工又巧，其行销最易。

据统计，1932 年，共有 160 余家（入首饰业同业工会者 150 余家，内有作坊五六十家、入金店业同业工会者 11 家）。金店员工约共有 240 人，首饰楼约有 1000 余人。作坊五六十家，共 300 人，合计有员工一千七八百人[3]。1934 年，入金店业同业工会者共 10 家，入首饰业同业工会者 154 家，共计 164 家，金店员工共 177 人[6]。1938 年，入金店业同业工会者共 9 家，入首饰业同业工会者 113 家，共计 122 家，金店员工共 123 人，首饰店员工 682 人，合计 805 人[7]。由此可以看出，花丝镶嵌的相关金店和首饰店的数量在逐年减少，从业人数也不断下降，整体上伴随着金银行业的不断萎缩，民国时期的花丝镶嵌手艺也面临着生存的困境。此时，国家呼吁将所私藏的现金现银以及金银首饰献给国家，以增加国家的财富，进而增加抗战的力量[8]。诸多因素影响下，社会上金银首饰以及金银首饰店的数量不断下降，1948 年时，花丝行业有工厂 67 个，工人 238 人，本市总值 47600 美元，国外总值 142800 美元；镶嵌行业现有工厂 23 人，现有工人 93 人，本市总值 31620 美元，国外总值 63240 美元[9]。

总之，民国时期花丝镶嵌行业与明清鼎盛情形相比，整体上呈凋敝之势。但因为受西方文化的影响，这一时期花丝镶嵌的工艺出现了一些改变，例如由传统镀金改为电镀；风格上也在中国传统题材上新增了西方轮船、火车等样式；销售市场也开始扩展到国外。

3 中华人民共和国成立后的花丝镶嵌工艺

1）花丝镶嵌行业的恢复

1949 年中华人民共和国成立之后，花丝镶嵌进入恢复期，工艺和风格都不断创新发展。花丝镶嵌等手工艺自民国起就大量出口，换取外汇，在抗日战争以前，各种特种手工艺品年产可值七八千万美元，战争期间一年年减少，到 1947 年 9 月至 1948 年 8 月的一年，年产总值仅 1000 多万美元[10]。但由于不合理的外汇率，各厂陆续停工，手艺工人大多转业。中华人民共和国成立前后，政策上保护工商业，各厂改业的手艺人陆续返工，花丝镶嵌业手艺人在这一时期也开始复工复产。

1949 年 6 月起，中国银行开办特种手工业贷款，其中两家花丝业、八家镶嵌业作坊获得了生产资金，并进行生产；北平特种手工业联合会筹划统一出口事宜以解决各作坊销路问题[11]。此时的花丝镶嵌主要是由私营作坊生产销售，且花丝与镶嵌是两个不同的手作行业，尚未合并集中。同年，北平市人民政府发布公告，减免花丝业、镶嵌业等本市特产手工艺的税收[12]。1950 年成立北京市特种工艺公司，主要负责改善并加强特种工艺品的图案设计与技术指导，使产品实用，美观，质高价廉，加工订货，供给原料，收购成品，推广销路（特别是国外市场）等业务[13]。1953 年 6 月，中共中央公布了过渡时期总路线，包括两方面内容：一是逐步实现社会主义工业化，这是总路线的主体；二是逐步实现对农业、手工业和资本主义工商业的社会主义改造。各行各业响应国家政策号召，纷纷开始筹建合作社，将私营作坊收归国有，花丝镶嵌行业也不例外。根据资料记载，1955 年至 1956 年，北京的花丝镶嵌业由一家一户作坊式的个体劳动，相继分别组织起公私合营北京花丝厂、北京市第一和第二花丝生产合作社、北京市第一和第二镶嵌生产合作社[14]。

总之，中华人民共和国成立后，在成立生产合作社，提供贷款、组织生产和推销、技术指导、举办全国民间美术工艺展览会等一系列支持政策下，花丝镶嵌手工业也得以绝处逢生，生产上得到了发展。花丝首饰外销至美国、苏联、芬兰等多个国家，成为国家出口创汇经济的一个重要组成部分。到1956年时，甚至出现了供不应求的状况，北京市的花丝别针国内市场的供应情况也相当紧张，一季度只能生产二万打，但是实际却需要十八万打[15]。

2）花丝镶嵌生产厂

1958年5月1日，经北京市政府批准，北京各花丝、镶嵌等生产合作社合并成立“北京花丝镶嵌厂”，厂址在通州大成街3号，占地面积35.5亩（30000多平方米），总建筑面积13672.2平方米[16]，员工千余人。这是当时亚洲最大的首饰厂，是我国花丝镶嵌制品的主要阵地，担负着北京地区首饰出口的业务。这一转变表示花丝镶嵌行业也从生产合作社模式，转为了集体所有制的企业形式。这也意味着，花丝厂确实将花丝镶嵌这样一种传统手工工艺，从手工作坊的生产模式带入到了现代工厂的产业模式。

工艺技术方面，花丝厂成立后，对制作工艺进行了大胆的改革，创制了人工煤气发生炉，取代了嘴吹煤油灯焊接的陈旧方式，各种自制机械也代替了部分手工操作[17]。1965年从意大利引进制链机，可以生产制作最小丝径为0.2 mm的细链；1971年，在拔丝、轧片的工序上实现了机械操作；同年，花丝厂还自主制造了机械套泡机和机制链点焊机，提高工效4.3倍；1973年，又制成多功能掐边机、梅花瓣成型机、砸蓝机、轧丝机；1975年，制成掰蔓机以及自动套泡和轧条机；1976年，采用中频熔炼并与拔丝、轧片设备连接建成生产线[14]。

艺术风格方面，其题材、风格和内容主要沿袭传统和模仿传统。例如祈求幸福、如意或表现生活兴旺繁盛，有吉祥寓意的民俗图像；古代器物或绘画、图像。如动物、花鸟鱼虫造型的摆件基本以中国画为本，构图、形式模仿花鸟画或器物上的画面，内容也为图画常体现的题材，如喜上眉梢、凤穿牡丹、鱼戏莲、鹤鹿同春等。器皿多模仿古代的瓷器和青铜器造型，如玉壶春、将军罐、双耳瓶、壶、爵、尊、觚等[18]。20世纪50年代经国家批准复制定陵出土的皇冠、凤冠，就由北京花丝镶嵌厂艺人薄世友等主持制作，获得了文物、考古专家的好评。总体上来说这一时期的花丝镶嵌工艺品颇具宫廷风格，雍容华贵，典雅大方，做工精细，造型新颖优美，多表现为吉祥纹样和传统民族图案，在行业内和国内外都有深远的影响。

3）北京首饰分公司

中国工艺品进出口公司北京市首饰分公司于1965年建立，是我国成立最早、专营各类首饰的专业进出口公司。主要经营各种宝石、翡翠、钻石、金银首饰、金银摆件、景泰蓝首饰、景泰蓝制品、玉石制品、雕漆首饰、瓷首饰、木雕首饰、骨刻首饰，以及各种纳纱手包、纳纱制品、锦缎制品等精美的手工艺品。这些精美的手工艺品是采用中国著名的传统工艺——金银花丝镶嵌工艺、景泰蓝工艺、玉石雕刻工艺、雕漆工艺、木雕工艺、纳纱工艺等多种工艺制作的，富有浓郁的民族艺术风格和独特的地方特色。手艺人还在充分发挥传统工艺的基础上大胆发展创新，与当代艺术新潮结合。

北京市首饰分公司多年经营出口的各类首饰，在中国香港特别行政区，还有日本、美国、比利时、法国等地的展览会、展卖会和国际博览会上展出后，观众络绎不绝，争相观赏，倍加赞美。老艺人毕尚斌创作的花丝镶嵌“龙抱柱”首饰摆件在英国展出时，观众赞声不断。1977 年，北京首饰摆件“地动仪”“方百花点将”“金鹿龙凤车”“紫禁城角楼”等艺术珍品在香港特别行政区中国工艺品首饰展览会展出后轰动全港，展期一延再延，16 万观众争相观赏选购。香港特别行政区各大报纸争相报道，称“中国首饰摆件登上了工艺新高峰”，香港特别行政区首饰界知名人认为在 18 类展出内容中，金银花丝镶嵌的首饰和摆件是公认的魅力非常强的展品之一[19]。

4 改革开放后的花丝镶嵌

20 世纪七八十年代进入北京花丝镶嵌的一个巅峰时期。1983 年,《人民日报》有报道称北京市花丝镶嵌厂在我国首饰行业中，是技术力量雄厚、规模最大的企业，该厂生产的金首饰绝大部分供出口[20]。1984 年，对花丝镶嵌厂进行了“大划小”的工作，划为花丝镶嵌一厂、花丝镶嵌二厂、花丝镶嵌三厂、贵金属材料加工厂和花丝服务公司 5 个单位[21]，后 1988 年 5 个单位重新合并。1984，北京花丝镶嵌一厂实际产量达 1140 万元，北京花丝镶嵌二厂实际产量达 100 万元[22]。

人才培养方面，1979 年，北京花丝镶嵌厂创办北京市首饰技工学校，位于通县（今通州区）大成街北京花丝镶嵌厂内。1982 年改为北京市首饰工业公司技工学校；二级公司撤销后，由北京市工艺美术品总公司领导，北京花丝镶嵌厂代管；1988 年又改为北京花丝镶嵌厂办学，主要为北京花丝镶嵌厂及北京市首饰行业各厂家培养懂设计、会制作的技术工人。开设首饰专业，学制 3 年。

学习语文、政治、数学等文化课；素描、图案、雕塑、色彩等美术专业课；还设有花丝工艺、镶嵌工艺两门生产实习课。历届毕业生分布在北京市首饰行业各厂家，成为技术业务骨干[23]。

在技术生产方面，自1958年以来，历经40多年发展，该厂自行研制了煤气发生炉、高频熔金炉、烘蓝炉、轧丝机、蔓机、激光焊接机等一批先进设备。在继承前人“花丝”“镶嵌”传统工艺的基础上，又发展为錾花、烧蓝、镀金、卡克图等多种工艺品种，并与牙雕、木雕、玉雕等工艺相结合，生产出花色品种各异的戒指、别针、项链、耳坠、手镯、袖扣、须针、须卡、摆件九大门类产品。每年生产成品千余种，250多万件，耗白银3000千克、黄金7000千克左右[16]。

在艺术特色方面，花丝镶嵌这样一门宫廷艺术在20世纪70至90年代里，因出口创汇的需要，在题材和造型上愈加日常化，以适应现代普通人的需求。这一时期涌现了很多优秀的花丝镶嵌工艺品，工艺美术大师白静宜的力作花丝镶嵌“凤鸣钟”以中国传统的吉祥图案为题材，以精湛的花丝镶嵌工艺创作寓意凤鸣朝阳、万事如意，在1983年东南亚地区钻石首饰设计比赛中获最佳设计奖。工艺美术家吴可男的代表作“丝路花雨”在1983年东南亚地区钻石首饰设计比赛中获优秀设计奖。在风格方面，花丝镶嵌制品吸收了很多现代元素，既保留传统题材，复制过往经典作品的同时，也开发出了新的题材。并且，花丝镶嵌与玉雕、景泰蓝等其他工艺相结合，是相较明清时期的风格创新。

然而，20世纪末，因出口量的下降，花丝镶嵌行业成为濒危行业。据懋隆品牌的石卫东总经理介绍：“2000年的时候，全球从事花丝镶嵌的工匠不足50人。[24]”2002年，因北京花丝镶嵌厂经营陷入困境，这个当时全国乃至世界企业规模最大的工艺美术品厂被迫倒闭。幸运的是，2008年6月，“花丝镶嵌制作技艺”经文化部批准成为国家级非物质文化遗产保护项目。2014年APEC会议的3件国礼中的《繁花》手包套装，突破传统的花丝镶嵌工艺，将传统制作首饰的低硬度花丝加以改良做成手包，作为礼品之一，备受国际友人的关注和称赞。一些老花丝镶嵌厂的手艺人，在花丝镶嵌2008年非遗项目确立之后纷纷成立小型企业和工作室，例如白静宜的昭仪新天地、北京东方艺珍花丝镶嵌厂、程淑美工作室等。被评为国家级非物质文化遗产后，大众对花丝镶嵌认知有所提高，以及这些老花丝镶嵌手艺人的坚持，使得花丝镶嵌这一传统工艺延续至今。

受制于社会形势，海外市场萎缩，以及大批量生产下质量的良莠不齐，2002

年，北京花丝镶嵌厂倒闭。自2008年被批准成为国家级非物质文化遗产保护项目后，几千年来经过起落的花丝镶嵌这一传统工艺得以继续留存和焕发生机。

参考文献

[1] 佚名. 平特种工艺品展双十节揭幕，展品十五种，鬼斧神工，观者惊叹[N]. 申报，1948-10-12（7）.

[2] 颜建超，章梅芳，孙淑云. “花丝镶嵌”概念的由来与界定[J]. 广西民族大学学报（自然科学版），2016，22（02）：30-38.

[3] 池泽汇等. 北平市工商业概况[M]. 北平：北平市社会局，1932：104-111.

[4] 徐爽. 百工录·燕京八绝·花丝镶嵌[M]. 南京：江苏凤凰美术出版社，2018.13.

[5] 李景汉. 北平郊外之乡村家庭[M]. 北平：中国教育文化基金董事会社会调查部，1933.60.

[6] 北平市商会秘书处调查科. 北平市商会会员录[M]. 北平：北平市商会秘书处，1934.387-398.

[7] 北京市商会. 北平市商会会员录[M]. 北平：北平市商会，1938：296-304.

[8] 佚名. 拿金银首饰器皿换救国公债为自己生利为国家尽力[N]. 民报，1937-10-21（3）.

[9] 佚名. 北平市特种手工艺品工厂工人及每年生产价值总表[N]. 大公报（天津），1948-10-09（4）.

[10] 冯仲. 北平特种手工业恢复与发展中的一些问题[N]. 人民日报，1949-04-24（2）.

[11] 宇. 平市特种手工业贷款首批发放千五百万元，受益户一七八家开始积极生产[N]. 人民日报，1949-07-13（2）.

[12] 北平市人民政府布告：布城字第九号[N]. 人民日报，1949-08-07（3）.

[13] 京市新闻处讯. 进一步扶植及改进特种工艺生产，京市成立公营特种工艺公司[N]. 人民日报，1950-06-02（3）.

[14] 北京市地方志编纂委员会. 北京志·纺织工业志·工艺美术志[M]. 北京：北京出版社，2002.

[15] 邓洁. 加强党对工艺美术事业的领导[N]. 人民日报，1956-10-21（2）.

[16] 程行利. 检粹新华[M]. 北京：团结出版社，2016.199.

[17] 郭炜. 大运河与通州古城[M]. 北京：北京出版社，2018.186.

[18] 唐然. 现代生产与传统样式——北京花丝镶嵌厂调查[J]. 中国艺术时空，2019,（5）：102-110.

[19] 佚名. 北京市首饰分公司[J]. 国际经济合作，1988（4）：57.

[20] 鄢钢. 北京市花丝镶嵌厂积极开发国内市场[N]. 人民日报，1983-11-01（2）.

[21]《中国轻工业年鉴》编辑部编. 中国轻工业年鉴[M]. 北京：中国大百科全书出版社，1985.250.

[22] 轻工业部. 全国轻工业名优产品全集·下·1979—1984年[M]. 轻工业出版社，1985.371.

[23] 苏影. 北京教育辞典[M]. 北京：海洋出版社，1993.226-227.

[24] 谢晓飞，懋隆. 懋盛隆昌100年[J]. 中华手工，2014,（2）：20-22.

附录　花丝镶嵌史料汇编

文献名	卷数 / 篇题	作者 / 编者	页码	版本（出版者）	出版时间	数据类型	摘　录	数据库 / 网站
宋会要	职官二十九之一，文思院	［清］徐松辑		抄本	清代	文字	太平兴国三年置，掌金银犀玉工巧之物，金彩绘素装钿之饰，以舆辇册宝法物，凡器服之月隶少府监，监官四人，以京朝官、诸使副、内侍三班充，别有监门二人，亦内侍三班充，领作三十二：打作，棱作，鈒作，渡金作，鎶作，钉子作，玉作，玳瑁作，银泥作，碾砑作，钉腰带作，生色作，装銮作，藤作，拔条作，掕洗作，杂钉作，场裹作，扇子作，平画作，裹剑作，面花作，花作，犀作，结绦作，捏塑作，旋作，牙作，锁金作，镂金作，雕木作，打鱼作。又有额外一十作，元系后苑造作所割属，曰绣作，裁缝作，真珠作，丝鞋作，琥珀作，弓稍作，打弦作，拍金作，玵金作，克丝作，计匠二，指挥提辖官一员，通管上下界职事，上界监官、监门官各一员，手分二人，库经司、花料司、门司专知官、秤库子各一名，分掌事修造案，承行诸官司申请造作金银、珠玉、犀象、玳瑁等	鼎秀古籍全文检索平台

续表

文献名	卷数/篇题	作者/编者	页码	版本（出版者）	出版时间	数据类型	摘录	数据库/网站
燕翼诒谋录	卷二	[宋]王栐撰		四库全书本	清乾隆年间	文字	大中祥符元年二月，诏金箔、金银线、贴金、锁金、间金、蹙金线装贴什器土木玩之物，并行禁断，非命妇不得以金为首饰	鼎秀古籍全文检索平台
锦绣万花谷	卷三十六，冠冕	不著撰人		四库全书本	清乾隆年间	文字	轻金冠：宝历二年，浙东贡舞女，戴轻金冠，以金丝结之，为鸾鹤状，仍饰以五彩细珠，玲珑相续，可高一尺，称之无二三分（出《杜阳编》）	鼎秀古籍全文检索平台
元史	卷八十八	[明]宋濂等奉敕撰 [清]王祖庚等考证		四库全书本	清代	文字	将作院，秩正二品，掌成造金玉珠翠犀象宝贝冠佩器皿，织造刺绣段匹纱罗，异样百色造作	鼎秀古籍全文检索平台
元史	卷八十八	[明]宋濂等奉敕撰 [清]王祖庚等考证		四库全书本	清代	文字	诸路金玉人匠总管府，秩正三品，掌造宝贝金玉冠帽、系腰束带、金银器皿，并总诸司局事	鼎秀古籍全文检索平台
永乐大典	卷一万九千七百八十一，金丝子局	[明]解缙等		明抄本	明代	文字	金丝子局:《元史百官志》，至元十二年，立金丝子局，以掌金丝子匠造作之事，置大使副使各一员，直长二员，俱受詹事院札。三十一年改受徽政院札。大德七年给八品印。十一年大使副使受敕，而直长受省札。至治三年罢，仍俱受院札。大使一员，副使一员，直长二员	鼎秀古籍全文检索平台

续表

文献名	卷数 / 篇题	作者 / 编者	页码	版本（出版者）	出版时间	数据类型	摘录	数据库 / 网站
国朝文类	卷四十二	［元］苏天爵编		景上海涵芬楼藏元刊本	民国	文字	玉工：中统二年，敕徙和林白八里及诸路金玉玛瑙诸工三千余户，于大都立金玉局。至元十一年，升诸路金玉匠人总管府，掌造玉册玺章、御用金玉珠宝、衣冠束带、器用几埸，及后宫首饰，凡赐赉须上命然后制之	鼎秀古籍全文检索平台
痫李岳诗酒玩江亭杂剧	金盏儿	［元］戴善夫撰		古今杂剧本（万历脉望馆抄校）	明代	文字	牛员外云，为这几件头面儿不打紧，我半年前里倒下金子，顾人匠累丝厢嵌，何等的用心里也	鼎秀古籍全文检索平台
说郛	卷四十二	［元］陶宗仪撰		四库全书本	清乾隆年间	文字	太上泛赐皇太子垒金嵌宝盘盏	鼎秀古籍全文检索平台
大明会典	卷一百九十三	［明］徐溥等纂修		司礼监刻本	明正德六年	文字	银作局二百七十四名：钑花匠五十名、大器匠四十二名、厢嵌匠一十一名、抹金匠七名、金箔匠一十四名、磨光匠一十五名、镀金匠三十五名、银匠八十三名、拔丝匠二名、累丝匠五名、钉带匠五名、画匠一名、表背匠四名	鼎秀古籍全文检索平台

续表

文献名	卷数 / 篇题	作者 / 编者	页码	版本（出版者）	出版时间	数据类型	摘　　录	数据库 / 网站
明神宗显皇帝实录	卷四百一十七	[明]张溶纂修		钞本	明代	文字	御用监上圣母册封册宝冠顶合用金宝数目，本监成造金册一副金龙钮宝一颗，黄丝绶绦，全金钑云龙宝箱、宝池箱三个，黄织金纻丝衬里、黄线绣、黄纱宝囊金销钥事件全，珠翠金累丝嵌绿青红黄宝石珍珠十二，龙十二，凤斗冠一顶，金钑龙吞口、博须金嵌宝石簪、如意钩全，皂罗描金云龙滴珍珠抹额一副，金累丝滴珍珠霞帔椀儿一副，计四百十二个，珠翠面花二副，计十八件，金丝丝穿八珠耳环二双，金丝穿宝石珍珠排环二双，金嵌宝石珍珠云龙坠头一个，白浆玉穀圭一枚，金钑云龙嵌宝石珍珠荷叶提头浆水玉禁步一副，计二挂，间珊瑚碧甸子金星石紫线宝黄红线穗头全，青纻丝描金云龙滴珍珠舄二双，金累丝结丝嵌宝石双龙龙凤鸾凤宝花九十六对，金万喜字译计五千副，索全银万喜字译计八千副，索全盛用浑贴金粉云龙红漆创金云龙宝匣冠盝胭脂木穀圭霞帔禁步匣九个，铜镀金锁钥事全	鼎秀古籍全文检索平台
明宫史	卷三	[明]吕毖		四库全书本	清代	文字	束发冠：其制如戏子所戴者，用金累丝造，上嵌睛绿珠石，每一座有值数百金或千余金、二千金者，四爪蟒龙在上蟠绕。下加额子一件，亦如戏子所戴，左右插长雉羽焉	鼎秀古籍全文检索平台

续表

文献名	卷数 / 篇题	作者 / 编者	页码	版本（出版者）	出版时间	数据类型	摘录	数据库 / 网站
酌中志	卷十九	［明］刘若愚撰		清道光二十五年潘氏刻海山仙馆丛书本	清代	文字	束发冠，其制如戏子所戴者，用金累丝造，上嵌睛绿珠石。每一座值数百金，或千余金、二千金者。四爪蟒龙在上蟠绕下。加额子一件，亦如戏子所戴，左右插长稚羽焉	鼎秀古籍全文检索平台
皇明续纪三朝法传全录	卷一	［明］高汝栻辑		刻本	明崇祯九年	文字	赐金累丝珍珠青红宝石首饰、杂色绣蟒帛罗凡四袭、白金百两	鼎秀古籍全文检索平台
物理小识	卷七，锻理	［明］方以智撰		四库全书本	清乾隆年间	文字	金银皆有镶嵌、累丝、珐琅、因拂菻之法也，有镂丝镶嵌，即三代商金银法也（金玉其相，相讹为商）	鼎秀古籍全文检索平台
实政录	卷三	［明］吕坤撰		赵文炳刻本	明万历二十六年	文字	访得本省妇女戴金不戴银，有一簪，金重一两二钱者，又累丝嵌珠，极其工巧，叠轻拔细，易于损伤。以后下五则人户不许戴金首饰，上四则人户应戴金簪者，不许过一钱。仍禁淫巧奇异、改样新兴	鼎秀古籍全文检索平台
张太岳先生文集	卷四十三，谢赐母首饰等物疏	［明］张居正撰		唐国达刻本	明万历四十年	文字	仰荷圣恩，差司礼监太监张鲸赍赐臣母金累丝镶嵌青红宝石珍珠长春花头面一副，银八宝豆叶一百两，红纻丝蟒衣一匹，青纻丝蟒衣一匹，红罗蟒衣一匹，青罗蟒衣一匹，里绢四匹，甜食二盒	鼎秀古籍全文检索平台
梦林玄解	卷十四，梦占、梳妆	［宋］邵雍辑		刻本	明崇祯年间	文字	簪，大吉。 梦见凤头钗，飞黄腾跃名居榜首。梦见累丝簪，主人欺诈，按定为吉。梦见银簪，黄榜题名	鼎秀古籍全文检索平台

续表

文献名	卷数 / 篇题	作者 / 编者	页码	版本（出版者）	出版时间	数据类型	摘录	数据库 / 网站
事物绀珠	卷二十三	［明］黄一正辑		吴勉学刻本	明万历年间	文字	镀金（涂金余物）；戗金（戗，枪去声）；贴金（又裹金、拍金、披金、洒金、泥金、扶金、渗金、影金、烧金、研金、榜金）；钿金（以宝饰器）；描金（又刻金、剔金、阑金、戭金、嵌金盘金、圈金、燃金、销金、明金）	鼎秀古籍全文检索平台
挥麈新谭 / 白醉琐言 / 说圃识余	说圃识余卷之下	［明］王兆云撰		徐应瑞等刻本	明代	文字	张廪生：四川新都某公官云南佥宪时，属有张廪生者银富，以庶弟构讼争家财不均事莅道巡，张行五百金于佥宪，内有金银壶、缕丝金银首饰，极工巧，佥宪受之，未及剖判，以入贺行	鼎秀古籍全文检索平台
弇州史料	卷七，隆赐方士	［明］王世贞撰		刻本	明万历四十二年	文字	赐高士陶仲文。二十九年，赐银币、珍宝、累丝金冠、如意簪、纳纱法服一、金玉玎珰、嵌金剑、金水盂，银数先后不可考	鼎秀古籍全文检索平台
铁网珊瑚	卷二十	［明］都穆撰		刻本	清乾隆二十三年	文字	金丝相嵌小鼎，元贾氏物，文极细，后并高丽商嵌，归之胡存斋	鼎秀古籍全文检索平台
宋氏家规部	卷四，长物簿金类	［明］宋诩		刻本	明代	文字	金：箱嵌；围减；累丝；發郎；光素；减银	鼎秀古籍全文检索平台
金瓶梅	卷四，第二十回	［明］笑笑生		刻本	明代	文字	金莲在旁拿把抿子与李瓶儿抿头，见他头上戴着一副金玲珑草虫儿头面，并金累丝松竹梅岁寒三友梳背儿	鼎秀古籍全文检索平台
黑旋风仗义疏财		［明］朱有炖		诚斋乐府	民国十七年	文字	也有那累丝做抹金掩鬓	鼎秀古籍全文检索平台

续表

文献名	卷数 / 篇题	作者 / 编者	页码	版本（出版者）	出版时间	数据类型	摘录	数据库 / 网站
古今图书集成·铨衡典	卷五十二，官制部汇考	［清］陈梦雷		铜活字本	清代雍正年间	文字	金丝子局，秩从五品大使一员，从五品副使一员，正七品直长一员，中统二年设二局，二十四年并为一。 金丝子局，大使一员，副使一员，直长一员，至元十二年置，掌金丝子匠造作之事	鼎秀古籍全文检索平台
大清会典则例	卷九十三	官修		四库全书本	清代	文字	是年（雍正三年）西洋伊达里亚国教化王伯纳等多遣使奉表庆贺登极，进贡方物：厚福水绿玻璃凤壶、各色玻璃鼻烟壶、玻璃棋盘棋子、哩阿唎波罗杯、蜜蜡杯、小杯、小瓶、小刀柄、法琅小圆牌、银累丝连座船……	鼎秀古籍全文检索平台
嘉庆朝大清会典事例	卷九百十七	［清］托津等奉敕		刻本	清光绪年间	文字	造办处职掌：原定造办处预备工作，以成造内庭交办什件，其各作有铸炉处，如意馆、玻璃厂、做钟处、舆图房、法琅作、盔头作，及金玉作所属之累丝作，镀金作，錾花作，砚作，镶嵌作……	鼎秀古籍全文检索平台
国朝宫史续编	卷四十九，冠服	［清］庆桂撰		内府抄本	清嘉庆十一年	文字	皇太后冠服：冬朝冠，薰貂为之，缀朱缨，中安金累丝三凤冠顶一座，上衔三等大东珠一，二等东珠九，三等东珠四，三等珍珠三，小珍珠四十八。金凤七，饰二等东珠六十三，小珍珠一百四十八，猫睛石七。金翟一，饰小珍珠十六，猫睛石一，金箍一，镶青金石一，饰二等东珠十三 ……	鼎秀古籍全文检索平台

续表

文献名	卷数/篇题	作者/编者	页码	版本（出版者）	出版时间	数据类型	摘录	数据库/网站
乾隆西藏志	衣冠	[清]允礼撰		和宁刻本	清乾隆五十七年	文字	稍富余则戴珍珠帽，以木作胎，如纬笠式，而厚硃红漆里，以金镶绿松石为顶，周围满戴珍珠于胎上，价有百千金者，老年妇人以金镶绿松石一片如镜，约汤碗口大，立戴于额上，名曰白玉。凡戴白玉，亲友作贺宴客。其蒙古妇女发亦自顶分两股打辫子，以青鞋或青布作套束之，约宽寸余，长二尺许，以钩挂发辫际，垂两乳旁，足穿香牛皮靴，身穿长衣，上盖镶边，齐肩长挂，其挂腰作细褶，仿朝衣褶，耳带累丝金镶绿松石坠或珊瑚坠	鼎秀古籍全文检索平台
道光广东通志	卷九十七	[清]武念祖修 [清]陈昌齐纂		刻本	清道光二年	文字	银累丝器为瓶及瓶中花树，为船，船有四轮者，为花盘，又镶以珊瑚、水晶，为箱，又有铁花盒，香枕囊，乌木镶青石、黄石、花石几案	鼎秀古籍全文检索平台
粤海关志	卷九，二十三	[清]梁廷楠撰		刻本	清道光年间	文字	洋累丝银器：每件比玉器一件，每件四分。 累丝金器：每件比玉器二件，每件四分。 小玻璃灯、小料丝灯、大草珠塔、大草珠盒、银累丝玻璃盒，各每个	鼎秀古籍全文检索平台
钦定大清一统志	卷四百二十三	[清]和珅等撰		四库全书本	清乾隆年间	文字	厚福水绿玻璃凤壶、里阿波罗杯、蜜蜡杯、蜜蜡小瓶、珐琅小圆牌、蜜蜡小刀柄、银累丝轮船、小铜日规、连银累丝屏、累丝花、水晶满堂红灯、各宝玩器、咖石嗱鼻烟罐、各色玻璃鼻烟壶、各宝圆球、各宝烟壶、银累丝大小花盘、实地银花盘、连座银累丝船、银花匣、连银累丝小花瓶、镶宝石花、银丝小漏盘……以上雍正三年入贡	鼎秀古籍全文检索平台

续表

文献名	卷数／篇题	作者／编者	页码	版本（出版者）	出版时间	数据类型	摘录	数据库／网站
督漕疏草	卷十六，题胡简亮被盗疏防文武职名	［清］董讷撰		刻本	清康熙年间	文字	计开劫去财物：文契一捆，珠冠一顶，翠冠一顶，珠花四对，珠凤一对，金珠横簪二枝，金冠簪六对，金横簪二枝，金镯一副，金坠十一副，金耳鐶四副，金累丝戒指六副，银镯一副，银花横簪二枝，银累丝戒指五副，鞋皮袄二件，……据此理合呈报等情	鼎秀古籍全文检索平台
澳门记略	卷二十二	［清］印光任撰		吴江沈氏刻昭代丛书合刻本	清道光年间	文字	金亦自内地出，然为镀、为镶、为法琅、为金银累丝，靡不精者	鼎秀古籍全文检索平台
约章成案汇览	卷四下	［清］颜世清辑		上海点石斋石印本	清光绪三十一年	文字	拟请旨赏马的奴得式内等十员头等金宝星，孟格非埃等六员二等金宝星，拉飞德等七员三等金宝星，此外英法官学教习及另延教习佳臬等八员拟请四品军功并三钱重錾金赏牌，欧般等十员拟请五品军功并三钱重錾金赏牌，以资鼓励而示荣宠等因前来	鼎秀古籍全文检索平台
雷塘庵主弟子记	卷三	［清］张鉴		琅嬛仙馆刻本	清道光年间	文字	邱良功著加恩，晋封男爵，仍赏给白玉翎管一个、白玉四喜搬指一个、金累丝搬指套一个、大荷包一双、小荷包二个。 总督阿林保、巡抚张师诚均著交部从优议叙，张师诚并著加恩，赏给大荷包一双、小荷包二个、金累丝鼻烟盒一个、白玉板三块以示嘉奖	鼎秀古籍全文检索平台

续表

文献名	卷数 / 篇题	作者 / 编者	页码	版本（出版者）	出版时间	数据类型	摘　　录	数据库 / 网站
咏怀堂新编十错认春灯谜记	卷二，第三出宴擢	［明］阮大铖撰		刻本	明末	文字	今日节度府春宴，只得在此祇候，进跪见介，又同执手本跪送介，呈送蜀机方胜春锦十端，金丝点翠彩燕二十枝，春饼辛菜各样十盒，花市各色蟠梅四十本，原是常年旧规该备办的，请老大人收下	鼎秀古籍全文检索平台
红楼幻梦	第二十一回	［清］花月痴人编		疏景斋刊本	清代	文字	晴雯换了一件杨妃色素纱短袄，翠云绸镶边；上面堆片的百花，一条蛋青素纱裙，绣着茸茸绿草，上面攒三聚五、拆一联双的彩蝶，系着翠蓝栀子同心结，杏黄排穗丝绦，头戴累金丝嵌宝石珠络，翠沿遮笠，荷着朱红描金柄花锄，提着莺儿制的五色丝夹金银线编成的巧式花囊，一人在前，款款而行	鼎秀古籍全文检索平台
品花宝鉴	第二十九回	［清］陈森		刻本	清代	文字	珊枝道，不是别的我见沙回子家里有一个金丝拧成的一个花篮，不过二两重，手工倒贵，我又见他自已泡茶的一把时大彬的宜兴茶壶，盖子上嵌着一块翡翠，是没有比它再好的了。我这个扳指都比不上。那金花篮我还了他四十两，他也肯了。那茶壶我还了他二十四两，他还不肯，明日请你替我把这两样拿来	鼎秀古籍全文检索平台
品花宝鉴	第五十七回	［清］陈森		刻本	清代	文字	红雪掣了一枝，是玉搔头，袅凤双飞（注：插金丝软凤钗者）饮一杯。红雪四下留心，戴此钗的却亦不少，只见爱珠与红雯在那里交线顽耍，爱珠交错了，被红雯打了一下。爱珠格格地笑，把个金丝双凤钗颤得乱飞，红雪斟了一杯酒上前道，在这里了	鼎秀古籍全文检索平台

续表

文献名	卷数 / 篇题	作者 / 编者	页码	版本（出版者）	出版时间	数据类型	摘录	数据库 / 网站
阅世编	卷八，内装	［清］叶梦珠撰		民国上海掌故丛书本	民国	文字	首饰：命妇金冠，则以金凤衔珠串，隆杀照品级不等，私居则金钗、金簪、金耳环、珠翠概不用也。以予所见，则概用珠翠矣。然犹以金、银为主而装翠于上，如满冠、捧鬓、倒钗之类，皆以金银花枝为之而贴翠加珠耳。包头上装珠花，下用珠边口，簪用圆头金银或玉。高年者用玛瑙，既而改用金玉凤头簪，口衔珠结串，下垂于鬓。环佩：以金丝结成花珠，间以珠玉、宝石、钟铃，贯串成列，施于当胸。便服则在宫装之下，命服则在露帔之间，俗名坠胸，与耳上金环，向惟礼服用之，于今亦然。其满装耳环，则多用金圈连环贯耳，其数多寡不等，与汉服之环异	鼎秀古籍全文检索平台
历代帝王宅京记	卷十九	［清］顾炎武撰		四库全书本	清代	文字	将作院：诸路金玉人匠总管府，玉局提举司，玛瑙局提举司，石局，金丝子局，大小雕木等局，鞓带斜皮局，瓘玉局，画局，温犀玳瑁局，漆纱冠冕局，珠子局，异样等局总管府，异样纹绣两局，绫锦织染两局，金丝颜料总库，尚衣局，御衣局	鼎秀古籍全文检索平台

续表

文献名	卷数 / 篇题	作者 / 编者	页码	版本（出版者）	出版时间	数据类型	摘录	数据库 / 网站
海上尘天影	黛眉淡扫春山远，玉貌新窥夜月圆	［清］邹弢 撰		清光绪石印本	清代	文字	知三看燕卿鹅蛋脸儿、长颈细腰、双眼俏丽、年过二旬。头上一只时式缎兜。上下周围数十粒新光珠，中间几个翠玉圆寿字，当中钻石嵌宝小梅花两朵，后面堆云髻上戴着腊梅蕊，耳上钻石錾金环。 插着一只嵌空錾金花押发，一只金花瓣、一只碧玉茉莉双头簪，髻缝嵌着四五朵腊梅花。 三套时式堆云髻，蝴蝶穿翠珍珠花，斜插着一枝嵌宝金簪，嵌宝珠过桥金押发，耳上一对嵌珠金环，右手上两只錾金镯，一只晶圆珠穿镶宝镯。仍是两三个嵌宝金约指，脸上并无脂粉，觉得庄雅端凝、雍容华贵，比前日所见又是一种风流	鼎秀古籍全文检索平台
绘事琐言	泥金	［清］迮朗 撰		刻本	清嘉庆年间	文字	古云：金怕石，银怕火。其色七青八黄九紫十赤，以赤色为足金也，攻金之工详于考工，而打金与泥金无闻焉。《唐六典》曰：金十四种，曰销金、曰拍金、曰镀金、曰织金、曰砑金、曰披金、曰泥金、曰镂金、曰捻金、曰錾金、曰圈金、曰贴金、曰嵌金、曰裹金。是泥金固治金之一也	鼎秀古籍全文检索平台
绣像金瓶梅传	卷十，第七十回	［清］佚名 撰		漱芳轩刊本	清道光二年	文字	那桂儿头戴银丝发髻，周围金累丝钗环洋翠堆满，上着藕丝衣裳，下着翠绫裙	鼎秀古籍全文检索平台

续表

文献名	卷数 / 篇题	作者 / 编者	页码	版本（出版者）	出版时间	数据类型	摘录	数据库 / 网站
读书堂杜诗注解	卷二，丽人行	［唐］杜甫撰 ［清］张溍注解		刻本	清康熙年间	文字	蹙金结绣而无痕迹，出杜牧诗，如今之累丝金也	鼎秀古籍全文检索平台
十五家词	卷一，浪淘沙·端午	［清］孙默辑		文澜文津阁本	清代	文字	缠臂彩丝绳，妙手心灵。真珠嵌就一星星。五色叠成方胜小，巧样丹青。刻玉与裁冰，眼见何曾，葫芦如豆虎如蝇。旁系累丝银扇子，半黍金铃	鼎秀古籍全文检索平台
昌瑞山万年统志	上函卷二	［清］布兰泰纂		钞本	清代	文字	佛楼下案上设：铜铃杵一分，金累丝嵌松石檀城二座，银珐琅五供一分，铜镀金嵌松石青金珊瑚八吉祥一分，铜镀金随盘八吉祥二分，铜镀金随盘七珍一分，铜镀金八吉祥六分，银镀金嵌松石珊瑚奔巴壶二分，内插吉祥草孔雀翎，银镀金嵌松石珊瑚塔二座，珊瑚盆景一对	鼎秀古籍全文检索平台
西藏纪游	卷二	［清］周蔼联撰据		墨缘堂石印本	1936 年	文字	工匠治物不用模范，穷极精巧，金银累丝镶嵌及雕镂人物花卉，无不象形维肖，殆亦中国之遗法欤？哔叽子尤工其业	鼎秀古籍全文检索平台
歧路灯	第二十七回 谭绍闻锦绣娶妇 孔慧娘栗枣哺儿	［清］李海观撰		钞本	清代	文字	我心里想着得一个人向南京置买几套衣服，咱本城这些绸缎人家都见的俗了，还得人把北京正经金银首饰头面稍几付来，正经滚圆珍珠惟京城有铺子，不想要咱本城的银片子，打造的死像，也没好珠翠戴出来，我先看不中	鼎秀古籍全文检索平台

续表

文献名	卷数 / 篇题	作者 / 编者	页码	版本（出版者）	出版时间	数据类型	摘录	数据库 / 网站
中国内乱外祸历史丛书（第 35 册）	天水冰山录	程演生，李季，王独清主编；程演生辑录中国历史研究社编	37—55 页	神州国光社	1936 年	文字	金厢玉首饰：金厢玉宝寿福禄首饰一副（计一十一件，共重三十三两七钱）……金厢玉累丝首饰一副（计一十件，共重一十四两三钱四分，内猫睛一颗）金厢玉寿星首饰一副（计一十件，共重二十六两四钱五分，内小猫睛四颗）金厢玉累丝佛塔首饰一副（计一十二件，共重一十五两四钱）	民国图书数据库
中国内乱外祸历史丛书（第 36 册）	天水冰山录	程演生，李季，王独清主编；程演生辑录中国历史研究社编	55—63 页	神州国光社	1936 年	文字	金厢珠宝首饰：金厢大珠猫睛天上长庚首饰一副（计一十件，共重三十七两七钱）……金厢大珠累丝首饰一副（计八件，内猫睛五颗，共重二十二两七钱）……金厢累丝龙凤首饰一副（计一十一件，共重二十六两二钱）……金厢珠宝累丝凤鸟首饰一副（计一十件，共重一十九两）……金累丝凤花嵌珠宝首饰一副（计一十件，共重一十八两）……金厢珠宝累丝凤鸟首饰一副（计一十件，共重一十三两二钱五分）……金厢类似楼台人物首饰一副（计一十一件，共重一十三两四钱）……金厢珠宝簇花首饰一副（计一十件，共重一十九两五钱五分）……以上金厢珠宝首饰共一百五十九副，计一千八百零三件，共重二千七百九十二两二钱六分	民国图书数据库

续表

文献名	卷数 / 篇题	作者 / 编者	页码	版本（出版者）	出版时间	数据类型	摘　　录	数据库 / 网站
中国内乱外祸历史丛书（第 37 册）	天水冰山录	程演生，李季，王独清主编；程演生辑录中国历史研究社编	63—64 页	神州国光社	1936 年	文字	头箍圆髻：金玉圆髻一条（重三两三钱）……金厢珠玉头箍两条（共重八两五钱）。以上头箍圆髻共二十一条，共重九十九两六钱三分	民国图书数据库
中国内乱外祸历史丛书（第 38 册）	天水冰山录	程演生，李季，王独清主编；程演生辑录中国历史研究社编	64—66 页	神州国光社	1936 年	文字	耳环耳坠：金珠凤头耳环（一双）……金累丝寿字耳环（一双）……金累丝葫芦耳环（一双）……金累丝球环耳坠（六双）金厢珠宝茄耳坠（三双）……金厢珠累丝灯笼耳坠（一双）……金厢珠耳塞（一双）以上耳环耳坠共二百六十七双，共重一百四十九两八钱三分	民国图书数据库
中国内乱外祸历史丛书（第 39 册）	天水冰山录	程演生，李季，王独清主编；程演生辑录中国历史研究社编	66—67 页	神州国光社	1936 年	文字	坠领坠胸事件：金厢凤头累丝珠串宝石坠领（一挂）金嵌点翠珊瑚珠玉坠领（一挂）……金厢石榴事件（一吊）。以上坠领坠胸事件共六十二件共重一百七十九两二钱六分	民国图书数据库
中国内乱外祸历史丛书（第 40 册）	天水冰山录	程演生，李季，王独清主编；程演生辑录中国历史研究社编	67—68 页	神州国光社	1936 年	文字	金簪：金厢玉瓜头簪（一根）……金累丝玉寿簪（四根）……金宝头簪（一十八根）。以上金厢珠宝簪共三百零九根，共重九十二两八钱四分（一作重八十八两八钱一分）	民国图书数据库
中国内乱外祸历史丛书（第 41 册）	天水冰山录	程演生，李季，王独清主编；程演生辑录中国历史研究社编	67—68 页	神州国光社	1936 年	文字	镯钏：金螭头镯一十件（共重二十八两五钱）……金累丝嵌珠镯二件（共重七两）……金素钏四件（共重二十七两三钱五分）。以上镯钏共一百零五件，共重四百二十两零一钱	民国图书数据库

续表

文献名	卷数 / 篇题	作者 / 编者	页码	版本（出版者）	出版时间	数据类型	摘录	数据库 / 网站
中国内乱外祸历史丛书（第 42 册）	天水冰山录	程演生，李季，王独清主编；程演生辑录中国历史研究社编	67—68 页	神州国光社	1936 年	文字	杂项首饰：杂色金首饰四十八件（共重二十五两三钱三分）金厢玉宝首饰二十一件（共钱一十两）……金累丝美人游宴玲珑掩耳一副（计五件共重一十二两三钱五分）金累丝夜游人物掩耳一副（连段重九两八钱）……以上杂色金首饰共七百七十六件共重九百九十七两零三分	民国图书数据库
中国内乱外祸历史丛书（第 43 册）	天水冰山录	程演生，李季，王独清主编；程演生辑录中国历史研究社编	71—72 页	神州国光社	1936 年	文字	帽顶：金厢珠宝帽顶（三个）……金厢宝石帽顶（八个）以上帽顶共三十五个，共重七十七两一钱七分	民国图书数据库
中国内乱外祸历史丛书（第 44 册）	天水冰山录	程演生，李季，王独清主编；程演生辑录中国历史研究社编	72—78 页	神州国光社	1936 年	文字	绦环：金厢玉海内英雄珠宝绦环一件（重五两九钱）……金厢累丝十珠二十三宝石绦环一件（重一十四两一钱）……金厢五宝累丝绦环一件（重二两八钱）……金厢珠宝小方绦环五件（共重六两五钱）。以上绦环共二百零八件，共重一千一百一十三两零九分	民国图书数据库
中国内乱外祸历史丛书（第 45 册）	天水冰山录	程演生，李季，王独清主编；程演生辑录中国历史研究社编	78—79 页	神州国光社	1936 年	文字	绦钩：金嵌珠宝螭头绦钩四件（共重一十四两）……金摺丝嵌珠宝中样绦钩三件（共重四两八钱）…… 金吞口绦钩六件（共重二十四两）。以上绦钩共六十八件，共重二百三十五两七钱五分	民国图书数据库

续表

文献名	卷数 / 篇题	作者 / 编者	页码	版本（出版者）	出版时间	数据类型	摘录	数据库 / 网站
石头记（2）	增评补图石头记卷八 贾宝玉奇缘识金锁薛宝钗巧合认通灵	（清）曹霑著	3 页	商务印书馆	1930 年	文字	一面看贾宝玉头上戴着累丝嵌宝紫金冠，头二勒着二龙捧珠金抹额，身上穿着秋香立蟒白狐腋箭袖，系着五色蝴蝶鸾绦，项上挂着长命锁，记名符，另外有一块落草时衔下来的宝玉	民国图书数据库
红楼梦	第七十二回	（清）曹雪芹著；上海华北书局标点	197 页	华北书局	1931 年	文字	平儿答应了去，果见拿了一个锦盒子来，里面锦袱包着。打开时，一个金累丝攒珠的——那珍珠都有莲子大小——一个点翠嵌宝石的：两个都与宫中之物，不相上下	民国图书数据库
故宫物品点查报告（第3编第5册永寿宫）	永寿宫点查报告金部	清室善后委员会编	3 页	清室善后委员会	1926 年	文字	牛角镶金荷包手巾腰带一份 金镶松石带勾头三个	民国图书数据库
故宫物品点查报告（第3编第5册永寿宫）	重华宫点查报告	清室善后委员会编	54 页	清室善后委员会	1926 年	文字	22 镀金镶玉宝鼎一对	民国图书数据库
故宫物品点查报告（第3编第5册永寿宫）	永寿宫后殿点查报告金字一五四一木箱	清室善后委员会编	83—96 页	清室善后委员会	1926 年	文字	2 金累丝镶松石簪一支 3 金累丝翠鸟一只 4 金海棠簪一对 8 金累丝福寿簪一支 13 金镶白玉瓶花簪一对 15 金累丝蝴蝶簪一对 17 金累丝凤五只 18 金镶青金石头箍一件 21 金累丝凤朝冠顶一个 22 金累丝葵花面簪一支 24 金累丝嵌石结子一个……	民国图书数据库

续表

文献名	卷数 / 篇题	作者 / 编者	页码	版本（出版者）	出版时间	数据类型	摘录	数据库 / 网站
故宫博物院舞弊案珠宝部分鉴定书	故宫博物院舞弊案珠宝部分鉴定书	李芸轩，杨慕儒鉴定	26 页	司法行政部	1935 年	文字	字：吕 号数：513 分号：6–7 品名：金累丝嵌珠宝花 件数：四块 配件：缺口 16 处 备考：与原载嵌珠宝金扁方品名不同	民国图书数据库
故宫博物院舞弊案珠宝部分鉴定书	故宫博物院舞弊案珠宝部分鉴定书	李芸轩，杨慕儒鉴定	书:（24）；数据库：75 页	司法行政部	1935 年	文字	字：金 号数：1541 分号：141 品名：金累丝福寿簪 件数：三支 配件：缺口 16 处 备考：无 字：金 号数：1541 分号：265 品名：金累丝流云簪 件数：二支 配件：缺珠 14 粒 备考：无 字：金 号数：1541 分号：287 品名：金累丝凤 件数：五只 配件：缺口 65 处 缺流苏 5 串 缺米珠 35 串 备考：无	民国图书数据库
故宫博物院舞弊案珠宝部分鉴定书	故宫博物院舞弊案珠宝部分鉴定书	李芸轩，杨慕儒鉴定	25 页	司法行政部	1935 年	文字	字：金 号数：1541 分号：154 品名：金累丝九凤钿口 件数：一件 配件：缺流苏 20 串 备考：无 字：金 号数：1541 分号：216 品名：金累丝升官簪 件数：二支 配件：缺珠 3 粒 缺宝石 4 块 备考：无 字：金 号数：1541 分号：788 品名：金累丝凤 件数：五只 配件：缺珠 65 粒 缺宝石 5 块 缺流苏 5 串 备考：无	民国图书数据库
故宫博物院舞弊案珠宝部分鉴定书	故宫博物院舞弊案珠宝部分鉴定书	李芸轩，杨慕儒鉴定	29 页	司法行政部	1935 年	文字	字：金 号数：397 分号：–39 品名：嵌珠宝圆花 件数：一对 配件：缺珠一粒 备考：无	民国图书数据库

续表

文献名	卷数 / 篇题	作者 / 编者	页码	版本（出版者）	出版时间	数据类型	摘录	数据库 / 网站
故宫博物院舞弊案珠宝部分鉴定书	故宫博物院舞弊案珠宝部分鉴定书	李芸轩，杨慕儒鉴定	31 页	司法行政部	1935 年	文字	字：金 号数：1540 分号：450 品名：银镀金嵌珠插簪 件数：一对 配件：无 备考：查系辑 米珠如意簪 品名不符	民国图书数据库
中国实业志（都会商埠及重要市镇山西省全国实业调查报告之五）	第三编 商埠及重要市镇 第七章 太谷	实业部国际贸易局编	187 页	实业部国际贸易局	1937 年	文字	银楼业：银楼打制妇女金银首饰，原为专业，惟太谷银楼五家，均兼营京货杂项之买卖，其所制首饰悉为银器，亦无金饰，计每年销售制成之银器一、二三〇两，每两售价连手工为一元八角	民国图书数据库
北京市商会会员录	北京市金店业同业工会职员表	北京市商会编	28—29 页，175—183 页	北京市商会	1938 年	文字	北京市金店业同业工会职员表 职别；姓名；年龄；籍贯；代表商业；电话 主席；朱堃；五七；河北大兴；宝恒祥金店；南局三七〇六 常务委员；祝进修；六九；同；天宝金店；南局六七〇 执行委员；杨金审；五九；河北昌平；三杨金店 王永年；五七；河北武清；宝成金店 刘廷椿；六五；河北通县；宝兴隆金店 李溶；六〇；同；宝恒祥金店 葛之琦；六七；河北武清；乾泰金店 彭敬如；三一；河北顺义；宝生金店 王博衡；五〇；河北宛平；三阳金店 附计 会址：前外西河沿路南一八九号	民国图书数据库

续表

文献名	卷数 / 篇题	作者 / 编者	页码	版本（出版者）	出版时间	数据类型	摘录	数据库 / 网站
北京市商会会员录	北京市金银首饰业同业工会职员表	北京市商会编	28—29 页	北京市商会	1938 年	文字	北京市金银首饰业同业工会职员表 职别；姓名；年龄；籍贯；代表商业；电话 主席；王爽峰；六〇；北京；志成楼； 常务委员；杨少兰；四六；天津；天丰和何雅儒；四三；北京；天聚号 执行委员；张桐轩；七〇；河北通县；宝源金店 刘缉卿；六七；同物华楼； 王桂林；六八；河北衡水；梧村楼 王希文；四六；河北定兴；聚缘楼 胡相臣；六六；河北大兴；德成楼 张植生；三四；河北通县；泰山楼 张翰儒；四八；河北枣强；泰山楼 王燦轩；三八；河北顺义；得聚兴 附记 会址 前外甘井胡同甲二八号	民国图书数据库

续表

文献名	卷数 / 篇题	作者 / 编者	页码	版本（出版者）	出版时间	数据类型	摘录	数据库 / 网站
北京市商会会员录	北京市金店业同业工会会员表	北京市商会编	175—176 页	北京市商会	1938 年	文字	北京市金店业同业工会会员表 商号名称；所在地；经理人姓名；年岁；籍贯；店员人数；电话 宝恒祥金店；前门外廊坊头条；朱堃；五七；河北大兴；20 天宝金店；同；祝进修；六九；同；32 三阳金店；同；杨金寿；五九；河北昌平；26 宝兴隆金店；宣武门外骡马市；刘廷椿；六五；河北通县 11 乾泰金店；前门外西河沿；葛之琦；六七；河北武清；10 宝生金店；前门外廊坊头条；彭敬如；三一；河北顺义；2 天聚典金店；前门外廊坊头条；张文恒；三九；河北大兴；2 宝成金店；同；王永年；五七；河北武清；20	民国图书数据库
北京市商会会员录	北京市金银首饰业同业工会会员表	北京市商会编	176—183 页	北京市商会	1938 年	文字	北京市金银首饰业同业工会会员表 商号名称；所在地；经理人姓名；年岁；籍贯；店员人数；电话 志成楼；东安市场；王爽峰；六〇；北京；20 …… 乾兴楼；西单南大街；吕栋臣；六〇；山东陵县；4 瑞宝楼；绒线胡同；吴璧城；三四；河北宛平；6	民国图书数据库

续表

文献名	卷数 / 篇题	作者 / 编者	页码	版本（出版者）	出版时间	数据类型	摘录	数据库 / 网站
中国实业志（都会商埠及重要市镇山西省全国实业调查报告之五）	第三编 商埠及重要市镇 第一章 太原（阳曲）	实业部国际贸易局编	29 页	实业部国际贸易局	1937 年	文字	17 金珠首饰业：金银首饰为旧日妇女之装饰品，业此者太原称为金珠业。民国元年至民国十六年家数自八家增至十八家，以民十三至十八之数年间，营业颇为发达，民国十九年后因农村破产，营业不振。廿三年倒闭五家，金珠点除制造金银首饰出售外，并营金银之买卖	民国图书数据库
中国实业志（都会商埠及重要市镇山西省全国实业调查报告之五）	第三编 商埠及重要市镇 第一章 太原（阳曲）	实业部国际贸易局编	35 页	实业部国际贸易局	1937 年	文字	7 金珠业：金银店除制造金银首饰之首饰店外，又有买卖金银为业者，太原共有七家，资本一九五〇〇元	民国图书数据库
中国实业志（都会商埠及重要市镇山西省全国实业调查报告之五）	第三编 商埠及重要市镇 第一章 太原（阳曲）	实业部国际贸易局编	46 页	实业部国际贸易局	1937 年	文字	当入之物衣服最多，占四五成乃至七八成；金银首饰次之，占一二成至二三成；其他杂物占最少，一二成至三四成不等	民国图书数据库
中国实业志（都会商埠及重要市镇山西省全国实业调查报告之五）	第三编 商埠及重要市镇 第七章 太谷	实业部国际贸易局编	187 页	实业部国际贸易局	1937 年	文字	17 银楼业：银楼打制妇女金银首饰，原为专业，惟太谷银楼五家，均兼营京货杂货之买卖，其所制首饰悉为银器，亦无金饰，计每年销售制成之银器一、二三〇两，每两售价连手工为一元八角	民国图书数据库

续表

文献名	卷数 / 篇题	作者 / 编者	页码	版本（出版者）	出版时间	数据类型	摘　　录	数据库 / 网站
中国实业志	第三编 商埠及重要市镇 第四章 永嘉	实业部国防贸易局编	54 页	浙江省国防贸易局	1933 年	文字	手工工业共有二十五家，有茶叶制造业、肥皂业、燭造业、金银首饰业……就中以金银首饰业资本为最大、计八一、〇〇〇元	民国图书数据库
工业制造成功百法	第二十 焊接类 二四五 金银首饰店之焊金配料	冼荣熙编著	184—187 页	世界书局	1931 年	文字	六焊料：千分金 82 格姆 细银 12 格姆 红铜 12 格姆	民国图书数据库
官话北京事情	人事 三十三	英继撰；[日] 宫岛吉敏编辑	71—75 页	文求堂	1915 年	文字	我问您的是娘儿们头上戴的，你听啊，官员的妻子们有凤冠，都是金银珠翠好看得很，可也分旗人、民人，民人都是汉装戴凤冠，旗装娘们是带钿子，仿佛凤冠可不是那个样儿，平常妇女呢，那都有满汉金银首饰、样式可多了，能说一两样儿么？可以。……所以有一宗铺子，名为首饰楼，都是京师人开的，用的匠人叫银匠，巧妙极了，都是什么呢，他做的首饰。他门口有冲天招牌，写着专做满汉全分头面，金银珠翠、赤金、包金、镀金各样首饰，还有酒器等物……他们打出来的首饰，虽然不同，大概的规矩，仿上仿下，有簪子、有扁方、有耳挖子、有钳子，这是人人用的。若是那凤冠和钿子上的花儿名叫头面，还有那翠花儿、珠子花儿以及一切，虽有的簪环首饰，有真金的、包金的，还有镀金点翠的，贵的、贱的、也是不得一样	民国图书数据库

续表

文献名	卷数 / 篇题	作者 / 编者	页码	版本（出版者）	出版时间	数据类型	摘　　录	数据库 / 网站
青年择业问题	附录 中华民国现有职业分类表	教育部编	174 页	商务印书馆	1936 年	文字	10 金属 制金银首饰品者 制金箔者 制金银丝者 嵌金银丝者 造金银币者 合金首饰品者……	民国图书数据库
北平市商会会员录		北平市商会秘书处调查科编	36—38 页	北平市商会秘书处	1934 年	文字	北京市金店业同业工会职员表，北京市金银首饰业同业工会职员表	民国图书数据库
北平市商会会员录		北平市商会秘书处调查科编	239—250 页	北平市商会秘书处	1934 年	文字	北京市金店业同业工会会员表，北京市金银首饰业同业工会会员表	民国图书数据库
由统一到抗战	献金	王芸生著	247—250 页	大公报馆	1937 年	文字	后方的民众最容易做的是量力输财，尤其有效的是献金，把你的藏金藏银拿出来献给国家。国民如果把他们所私藏的现金现银以及金银首饰献给国家，马上便能增加国富，增加抗战的力量	民国图书数据库
中国经济年鉴（下）	第三目 搪瓷业	实业部中国经济年鉴编纂委员会编	546 页	商务印书馆	1934 年	文字	搪瓷业亦称珐琅；以着色或白色不透明之釉业，烧附于金属上即成。我国古代早已发明。如北平之景泰蓝及各金银首饰上之珐蓝等即是	民国图书数据库

续表

文献名	卷数 / 篇题	作者 / 编者	页码	版本（出版者）	出版时间	数据类型	摘　　录	数据库 / 网站
北平市工商业概况	首饰业	池泽汇等编	90—97 页	北平市社会局	1932 年	文字	古者首饰之制，男子有冠冕缨蕤，女子又金翠步摇，皆所以表示庄严、正瞻视、崇礼法也。洎乎后世，古意浸微，一切装饰品惟趋重于女子，遂以头簪耳环手钏戒指之属为首饰之专称。在前清时代，养心殿设有造办处，专为宫廷为供奉，其时各地制造首饰之名工，罔不招致其中。又前外打磨厂内戥子市，向为首饰楼聚集之所，承造满籍贵族妇女之扁方垫子（满人梳两把头，其顶梁之横簪名为扁方，其底部曰垫子。镶嵌金玉珠翠，备极精巧。业此者出入府邸，籍通声气，颇有势力。此外各首饰楼制造满汉首饰、为各士商眷属所购用者，更为普遍。民元而后，国体变更，习尚渐崇欧式，举凡昔日之各项首饰，大受新潮之影响，无复当年之兴盛	民国图书数据库

续表

文献名	卷数 / 篇题	作者 / 编者	页码	版本（出版者）	出版时间	数据类型	摘　录	数据库 / 网站
							北平首饰业，原专属于银楼，与金店为两事。金店专营金条、金锭之兑换，或存欵与汇兑等事。当清道光年，开捐纳之例，于是金店兼办捐纳事件。凡捐官者将欵交金店存储，托其捐官，金店即代为办理，代向户部交欵及捐纳废除后，各金店遂相率兼营首饰及各项金银器皿。除买卖金条、金锭外，殆与首饰店生理相同。且从前首饰楼，于字号下多标明监制金银首饰器皿定期不误等字样，金店则标明收买金珠宝石及荒金潮银等字样。又金店多陈列金银器皿及人物等、首饰楼则惟陈列银质之环钏戒指项圈等。似易于分辨。然金之首饰楼亦可挂金店牌匾，金店较小者，即与首饰楼无异。惟其同业公会，现仍分别成立两会，一为金店业同业工会，一为首饰业同业工会	

续表

文献名	卷数 / 篇题	作者 / 编者	页码	版本（出版者）	出版时间	数据类型	摘　　录	数据库 / 网站
							制造首饰所用原料，以金银二质为主体，金有条金块金沙金之分、银有新银旧银之别。金之不纯者曰九成金曰九五金曰对成金。统名之曰荒金。提之最净者名曰赤足。银质杂者曰坨银、曰潮银，亦称旧银，即旧首饰所熔化者也。反是则成色极佳者曰足纹，亦曰高足白、即由十足元宝熔化而成、是为新银条金分大小，大条十两、小条五两，其分量略有出入。惟大条官金，分量一致，成色亦殊优。沙金多产于东省黑河一带，色有褐黑两种，即提净亦较条金为次。……又从前打磨厂之天丰镒丰两金店，专采办各省赤金，成色足，极著名。各首饰楼多采用之。近则天丰尚在，而镒丰已改为济丰。业务远不如昔。至银质向取给与前外珠宝市各炉房、近则炉房所存家数亦甚少	

续表

文献名	卷数 / 篇题	作者 / 编者	页码	版本（出版者）	出版时间	数据类型	摘　　录	数据库 / 网站
							首饰计价不论件而论分量，按金银行市作价，另加手工费。其银质物品尚有包金、镀金与发蓝者。包金分层数，镀金有厚薄，其价格均有一定。发蓝则按手工之粗细、材料之多寡，定物品之代价。此外则有镶有嵌，所镶嵌之珠宝等类，有贵有贱、有真有伪（珍珠多属旧货，翠石多系云南产，变石出俄国、由哈尔滨来，近多系日货，以俄之出品为佳，钻石及白金、多来自德美）。其手工费亦甚不一律。在银质物品往往有手工费超过原料费者。今就首饰制法，分为打活、砧活、攒丝、拔丝、捶金、镀金、发蓝等七作，胪列如左。 打活作，又名实作，乃制品之初步。例如作瓶、作壶、作人物器皿，须先作胎骨，非用打活不能成其形式。此打活有单独之作坊，是为打活作（白金亦能打，惟不能化）。 砧活作，或曰錾作。制品成形后，应作何种花样、何种边缘，以及有无镶嵌之处，需用砧子錾之，其法先将胎形用松脂焊于板上，或须用模者则将银液倾于模上，而后施以錾工。此砧活之作坊，呼曰砧子楼。	

续表

文献名	卷数 / 篇题	作者 / 编者	页码	版本（出版者）	出版时间	数据类型	摘　　录	数据库 / 网站
							攒丝作，又名掐丝作。掐与攒微有不同。掐丝者，将丝剪成小段，逐渐盘成相当之形，其手续较慢。攒丝者，将丝预为编成式样，为整个之工作，其手续较速。凡活面之应镶嵌金银丝者、即用攒丝作。 拔丝作，以金银质拔成粗细金银丝，用以镶嵌活面。此作亦有专行。 捶金作，以金捶成薄片、为首饰包金之用。闻其捶法、能以五钱重之金块、捶为二寸见方之金箔千余张。其包金之法、先将所包之件、置火上烤热、以镊取金箔敷于活面，再以玛瑙压平之微烤即得。 镀金作分三种，即火镀、洋镀、电镀是也。火镀为我国旧法。将赤金熔解于水银液中（水银能熔解金属），即以被镀之银器置入、来回搅拌，至银器全部骤变为黑色，乃取出用火烤之，则水银飞去，金质金属于器面。此法近不多用。洋镀，即浸渍镀金法。用焦性磷酸苏打及氯化金等作金液，以被镀之物浸渍其中金上。此法极简易，近多用之。电镀即溶衰化金钾于水，以电气通过其中，系纯金片于电池之阳极，系被镀之银器于阴极。于是阳极之纯金遂附着于阴极之器面。此法亦普通所用。	

续表

文献名	卷数 / 篇题	作者 / 编者	页码	版本（出版者）	出版时间	数据类型	摘　　录	数据库 / 网站
							发蓝作，简称曰蓝作。即指银器上所涂之珐琅质颜料而言也。最初只有蓝黄紫绿淡青诸色，近则有数十种之多，作法与景泰蓝相仿佛。所不同者景泰蓝所用颜料、系博山产、须经多次火烧、施以多次磨工。发蓝所用颜料系舶来品、性易溶解，无须多烧多磨。此法为用最广。 以上所举各作，原皆有各种专行，现时各首饰店多自备有作坊，不必一一过行。惟遇活件较多之时，即发交给各作坊（此项作坊以西河沿内三府菜园为多）代制，按件计值。并有将定活转发他作坊制成，仍于制品上印以本店字号，以昭信用。因首饰成色最关重要，在金质之品尤甚。此时各金店每多缩小范围，不自制造，而对于代制者、固自有精确之考验，必仍标明字号，方足以免雇主之疑虑也。 平市首饰业，共有一百六十余家（入首饰业同业工会者一百五十余家，内有作坊五六十家，入金店业同业工会者十一家）。金店员夥约共有二百四十人。 首饰楼约共有一千余人。作坊五六十家，约共有三百人。统共约有员夥一千五六百人。金店工资自一元至十二元，首饰楼工资自五六元至十数元，而学徒尚不在内（向例银楼分前后柜，前柜专作门市，后柜专作手艺，名曰串珠花。凡学生意者属前柜，学手艺者属后柜）。	

续表

文献名	卷数 / 篇题	作者 / 编者	页码	版本（出版者）	出版时间	数据类型	摘录	数据库 / 网站
							现在平市营首饰业者，门面虽多堂皇，在交易上颇呈凋敝之象。一因居民经济多感困难，金价又大涨，自无力够用费昂之装饰品。一因妇女剪发风行一时，旧有之珍物，无形废弃（乡村或土著以及中下级之妇女，虽仍存旧习，亦仅由较小之首饰店零星销售，绝无珍品。）；一因外货充斥，如耳环、手钏、戒指、衣扣、发针之类，无论新旧式样，皆层出不穷，各洋货店及市场浮摊，随处皆有，价既廉而工又巧，其行销最易。有此数因，市内首饰业所由，远不如前也。近为顺应潮流，力求改革，乃于首饰外，多制他项物品，如钟鼎瓶炉，如杯盘碗箸，如盾、如牌、如人物以及各种玩具，如轮船飞艇，如火车，如汽车，悉用银质发蓝，制作精巧，极为外人所欢迎。每遇有大规模之运动会，或各要人知婚嫁寿庆等事，与夫国外之观摩比赛，需用大批奖品及礼物，即为各首饰业之最好时机。果由此新辟途径，发皇固有之艺术，创建国际之市场，斯业既衰而复兴，亦自未可限量。	

续表

文献名	卷数 / 篇题	作者 / 编者	页码	版本（出版者）	出版时间	数据类型	摘　　录	数据库 / 网站
人类的历史		陈翰笙著	38—39 页	北新书局	1927 年	文字	封建时代多战争，不容易和别处往来。幸而后来农耕的方法熟练，开辟的天地增加；人们不必都当佃户，就能分工做些手艺了。分工以后，进步很快。手艺的精美是从来没有的。但那些很精美的瓷器、铜器、铁器、很细致的金银首饰，雕刻的各色用具，愈积愈多，愈多愈要求销路。要求推广市场必须谋交通之便利。交通便利，闭关主义的封建制度自然渐渐倒下去了	民国图书数据库
北平郊外之乡村家庭		李景汉著	38 页	中国教育文化基金董事会社会调查部	1933 年	文字	当物之多数原因在于日用不足，所当之物品多属衣服，尤以棉衣与皮衣占大多数，金银首饰次之，此外则为屋中之陈设与用具。	民国图书数据库
中国农村经济的透视		朱其华著	89 页	上海中国研究书店	1936 年	文字	银匠是做金银首饰，现在农村中此类手工业工人，可说完全是绝迹。	民国图书数据库

续表

文献名	卷数 / 篇题	作者 / 编者	页码	版本（出版者）	出版时间	数据类型	摘录	数据库 / 网站
第一次实业调查记	北京市	著者不详	11 页	出版者不详	[出版时间不详]	文字	金银工（首饰）打造金银首饰之铺，俗称首饰楼。其商号皆以楼名。间有称局者。其收买旧首饰者，俗呼为镂儿铺，收买旧首饰熔化金银或整卖之。首饰楼所造之品，以金银器皿及妇女用簪镯环等物为主，兼造小儿帽饰等。其中分工而治，有专司造坯者，有专司錾花者，有包金者，镀金者，其为复杂。其花样时时翻新，爱时妆者必亦时时改制，此其获利之处也。据商会一览表，北京首饰行有百六十余家，以前门外西河沿廊房头条各号著名。而观音寺之长生楼，护国寺之宝华楼等家亦皆以精工著。各金店定造金器、金饰皆转向首饰楼造之，而加以戳记。成色较径由首饰楼打造者为优，其戳记无异为之保证。故金器、金饰以有金店戳记者为佳。尤以打磨厂天丰镒丰两号信用最著	民国图书数据库
中国工艺沿革史略	第八节 金属制品	许衍灼编	86 页	商务印书馆	1917 年	文字	金银之制品盖自上古已然，昔黄帝以神金铸器（见《拾遗记》）。至汉时则制造渐盛，后汉郭况家以黄金为器，工治之声，震于都鄙，而金银首饰之制造亦渐行。唐宋以来，黄金渐少，而制器多用银，故制金银者俗称银匠。元明之间，以银工著者，如嘉兴之朱碧山，平江之谢君丞君和，松江之唐俊卿，以治金著者。歙县吕爱山尤为有名，近世金银器之制，无地无之，而以广东为尤多而精云	民国图书数据库

续表

文献名	卷数 / 篇题	作者 / 编者	页码	版本（出版者）	出版时间	数据类型	摘　　录	数据库 / 网站
救国储金之源流		中华救国储金团总事务所［编辑］	82 页	中华书局	1915 年	文字	又《通告》七：敬启者，救国储金业于本月九日由中国银行开收，已经登报通告，惟该银行只收现银，不收产业物件。诚恐各界爱国诸君以及闺阁名媛或有以不动产暨金银首饰珠宝玉器等类，愿作救国储金者，应请自行折变，将银存储以免临时周折，诚恐各界未及周知，合亟声明，仍不得借本圃名义折变以符定章是为至祷	民国图书数据库
现代模范官话	第五十二章	著者不详	201—202 页	出版者不详	1936 年	文字	我想要开一个首饰楼，就是有一件事，我又犹疑不定。是有什么犹疑不定的呢。就是邀那各样儿要手艺的是很难物色的。您想拧了，开首饰楼不用邀那么些夥计，就是有打造、錾活、焊活的夥计就得了，其余那点翠、拔丝、攒丝什么的，他们是各有各作坊。比方说您应着一号买卖，先打造出胎子来，然后錾花、再焊好了，赶把样子造成了。若是得点翠、攒丝什么的，您把它送到攒丝作去，他们做好了送回来，您再送到点翠局去，点好了翠送回来，您再一修饰就算成功了。是了，那么把东西送到各作坊做去，得用多少工钱呢，他们的规矩都是料件子活，按着物件大小，每一件给他们多少手工钱。这是很省事的。我要开一个首饰楼，请您帮帮忙儿怎么样。不行，我是门外汉，我给您请一位内行吧。那是很好了	民国图书数据库

续表

文献名	卷数 / 篇题	作者 / 编者	页码	版本（出版者）	出版时间	数据类型	摘　　录	数据库 / 网站
官话指南	第十二章	［日］郑永邦，吴启太著；金国璞改订	12—13 页	田中庆太朗	1938 年	文字	我看像你这首饰行的手艺，实在是不容易学的。怎么不容易学。像打造各样儿的首饰和各金银的器皿，又得学打造，又得学点翠、錾活、拔丝、攒丝、焊活。这么好几样儿手艺，得多少年才能学会哪。您想错了，我们敝行是各学一样儿手艺，像管打造的，是竟学打首饰，那点翠、錾活什么的是单有管做那个活的。是了，那么像开一间首饰楼，那会各样儿手艺的夥计，都得有啊。那儿能邀那么些各夥计呢、他们是各有各作坊，我们屋里不过就有专管打首饰的夥计、可也都会焊活、赶我们应下活来，应当过行的，我们都是送到那各作坊做去，那都是料件子活，是按着数儿给他们手工钱。是了，这我才明白了	民国图书数据库
第一次实业调查记	北京市	著者不详	91 页	出版者不详	［出版时间不详］	文字	（镶嵌及点翠）首饰镶嵌珠宝石者，首饰店皆兼此艺，点翠者，在东门南路和兴义。 （金银细工）景泰蓝及细金银器等，皆附属于首饰店。如恒利等号是	民国图书数据库
青年文会	第 1 卷　第 12 期，摩登生活之一瞥		封 2 页	D432.9	1939 年	文字，图片	东方式颈饰，以金链镶嵌，挂有明珠，颈后仅细金链一条；下垂颈饰，用金丝线穿有红玉色与橄榄色之佛珠	晚清民国期刊全文数据库

续表

文献名	卷数 / 篇题	作者 / 编者	页码	版本（出版者）	出版时间	数据类型	摘录	数据库 / 网站
凯旋	第 37 期，“北平市特种工艺品展”观感	佟柱臣	7—10 页	D693	1948 年	文字	镶嵌 现有工厂 23，现有工人 93；花丝 现有工厂 67，现有工人 238	晚清民国期刊全文数据库
大公报（天津）	北平市特种手工艺品工厂工人及每年生产价值总表		［0004版］		1948 年 10 月 9 日	文字	镶嵌 现有工厂 23，现有工人 93，本市总值 31620 美元，国外总值 63240 美元；花丝 现有工厂 67，现有工人 238 人，本市总值 47600 美元，国外总值 142800 美元	晚清民国期刊全文数据库
申报	平特种工艺品展 双十节揭幕展品十五种 鬼斧神工 观者惊叹		［0007版］		1948 年 10 月 12 日	文字	平市特种工艺品展览会，展品计十五种，为地毯，……花镶嵌及宫灯等，多者有四百年历史	晚清民国期刊全文数据库
时报	疑窃金镶押发		［0006版］		1909 年 8 月 23 日	文字	住居有恒路之翟姚氏日前失窃金镶珠押发一只，疑其戚邱林林、翟来发所为	晚清民国期刊全文数据库
正宗爱国报	嘉庆皇帝查抄和珅家产（附件）（七续）		［0006版］		1911 年 8 月 19 日	文字	金碗碟二十二桌（共四千二百八十八件），金镶玉箸（五百副）	晚清民国期刊全文数据库
京都日报	请看庆亲王之财产		［0006版］		1911 年 12 月 5 日	文字	金镶珍珠四十余付	晚清民国期刊全文数据库

续表

文献名	卷数 / 篇题	作者 / 编者	页码	版本（出版者）	出版时间	数据类型	摘　　录	数据库 / 网站
时报	全昌金镶红蓝翡翠宝戒		［0005版］		1929年10月13日	文字，图片	首饰店广告	晚清民国期刊全文数据库
平报（上海1928）	金号与银楼之今昔	君衡	［0002版］		1931年5月24日	文字	金号主要注重金的交易买卖，银楼则专营金银首饰，注重门市交易	晚清民国期刊全文数据库
汉口中西报	和珅籍没汇考（十八）查抄和珅家产清单（续）		［0010版］		1935年6月23日	文字	金镶玉嵌钟一座	晚清民国期刊全文数据库
汉口中西报	人民捐赠金银物品及收受解管办法		［0003版］		1937年12月2日	文字	救国公债劝募总会制定人民捐赠金银物品的相关规定	晚清民国期刊全文数据库
时报	小婢不知珍贵魏廷荣失金镶翡翠镯价值千金六铜元卖出		［0006版］		1938年2月24日	文字	小婢将魏廷荣的金镶翡翠镯，窃出玩弄，后以六个铜元卖出，案件情形	晚清民国期刊全文数据库
少年中国	华妇首饰被窃		［0003版］		1941年3月4日	文字	被偷金镶胸口针一支	晚清民国期刊全文数据库
亦报	金镶首饰禁止买卖	小可	［0003版］		1950年2月11日	文字	最近工会接到当局通知，凡是首饰，只要是赤金洋金镶的，须改为银镶，或者单卖翠钻珠宝，这是彻底禁卖黄金的办法，颇为合理	晚清民国期刊全文数据库

续表

文献名	卷数 / 篇题	作者 / 编者	页码	版本（出版者）	出版时间	数据类型	摘录	数据库 / 网站
益世报（天津版）	富兴广告 富兴钟表珠宝		［0012版］		1915年11月30日	文字，图片	金戒指 镶嵌玲珑	晚清民国期刊全文数据库
益世报（北京）	珍胜首饰楼被骗	心	［0007版］		1923年10月25日	文字	有人向首饰楼卖了金首饰一头，后发现外面是金，里面是红铜	晚清民国期刊全文数据库
时事新报（上海）	国定进口关税条例与奢侈品表		［0007版］		1927年8月22日	文字	各种物品之全部或一部分以宝石制成或镶嵌者	晚清民国期刊全文数据库
大常识	第122期，小常识一束：金饰：金饰一类……	陈超萃	2页		1929年	文字	金饰一类，一经戴久，则色走淡，可用线香薰之。再以胭脂水洗过，则宛然如新	晚清民国期刊全文数据库
民报	拿金银首饰器皿换救国公债为自己生利为国家尽力		［0003版］		1937年10月21日	文字，图片	拿金银首饰器皿换救国公债为自己生利为国家尽力	晚清民国期刊全文数据库
格致新报	第6期，答问：第五十问：中国制造金银首饰……	吴肇璜	14—15页		1898年	文字	第五十问：中国制造金银首饰工人每以铜掺和，究用何法可以知其有铜且能权其轻重 答：凡金银纯质者，其物必软，若掺和以铜，则较纯质金银为硬，且权其轻重，亦能知之	晚清民国期刊全文数据库

续表

文献名	卷数 / 篇题	作者 / 编者	页码	版本（出版者）	出版时间	数据类型	摘　　录	数据库 / 网站
广益丛报	第 60/61 期，上编：纪事		2 页		1905 年	文字	拟抽首饰：闻户部又议筹款新章，拟行文各省抽办首饰捐，又派员往各省劝捐不得勉强勒索。	晚清民国期刊全文数据库
北京五日报	第42期，杂记：禁收买首饰		45 页		1906 年	文字	禁收买首饰：昨闻巡警厅堂谕派巡警赴廊房二条及珠宝市一带，首饰楼各号商现奉厅丞札交派，一概不准收买金银首饰等件，自谕之后倘有由某铺起出贼赃，即扭送本厅加重罚金。	晚清民国期刊全文数据库
北京当日画报	第 35 期，流氓抢妇女首饰（附图）		6 页		1908 年	文字，图片	上月廿六日，上海城内三牌楼有某流氓因见某氏妇头上扎有红绳，突上前，拔取其髻上所插之簪以示恐吓，旋察知簪系银货包金，所值无几，仍给还之	晚清民国期刊全文数据库
北京白话画图日报	第 507 期，首饰楼之现象：［画图］		5 页		1910 年	文字，图片	日前友人走到京北清河镇街上，瞧见路西天德首饰楼有二位少妇打首饰，该号伙计拿起一张纸，剪了一个龟（俗说是王八）贴在玻璃上招的大家直笑。不知是和用意。嗳，前本报登烂面胡同某首饰楼之伙计与此公是师兄弟吧	晚清民国期刊全文数据库
《北京画报》第［2］期	造假首饰被获（附图）	北	55 页		1911 年	文字，图片	宣外教坊五条八号门内有数人伪造银首饰骗人事，被探兵侦知，前往抄获。	晚清民国期刊全文数据库

续表

文献名	卷数 / 篇题	作者 / 编者	页码	版本（出版者）	出版时间	数据类型	摘　　录	数据库 / 网站
《世界画报》第 24 期	游戏：黄金贵了这些首饰自然值钱好不快活……：[画图]		42 页		1920 年	文字	先令缩短吾们买卖实在愁闷得很，黄金贵了，这些首饰自然值钱，好不快活。	晚清民国期刊全文数据库
《家庭（上海 1922）》第 7 期	古首饰志	慧静	1—3 页		1922 年	文字	步摇：宋玉风赋主人之女，垂珠步摇，采兰杂志，以银丝宛转屈曲作花枝，插髻后，随步辄摇。	晚清民国期刊全文数据库
《广肇周报》第 29 期	论坛：妇女尚首饰其害烈于鸦片	呆	2—3 页		1919 年	文字	以余观察，吾国致穷之原因，除武人政客强有力者吞食之外，妇女专尚首饰，亦一巨蠹也。	晚清民国期刊全文数据库
《北平特别市市政公报》第 3 期	市府：公牍：批示：原具呈人北平总商会主席团为据北平首饰行函为廊房头条三益兴首饰店拟运现银一千四百两整等情请援案发给护照由		12 页		1929 年	文字	原具呈人北平总商会主席团为据北平首饰行函，为廊房头条三益兴首饰店拟运现银一千四百两整等情，请援案发给护照由，呈悉印花费一元照收，兹填给现银一千四百两整护照一纸，仰即转知，来府领取可也。此批中华民国十八年七月八日	晚清民国期刊全文数据库

续表

文献名	卷数 / 篇题	作者 / 编者	页码	版本（出版者）	出版时间	数据类型	摘录	数据库 / 网站
《北平市市政公报》第168期	市府：命令：训令：令营业税经征委员会：准财政部咨为北平市商会请求豁免金条金磅营业税及减轻金银首饰器皿营业税一案请转饬查明见复等因仰查明核议具复由		12页		1932年	文字	案准财政部赋字第三三五零号咨，开准中国国民党中央执行委员会函，据本会调查员转呈北平市商会，请求豁免金条金磅营业税，及减轻金银首饰器皿营业税等情，事关税收问题，抄同原件，请参酌办理见复等因，准此查北平市营业税物品贩卖业税率表，原定金铺业金银首饰器皿业之税率，均系依照营业额课税千分之十，该商会所称金条金磅，若照税率规定，以营业额课税则，凡来购买金条金磅，即须按照现在金价，每两加收一元有零，金银首饰器皿等项一律比照外国舶来品化妆品，科以最高之税金，未免有失国家提倡振兴工艺之意旨，各节究竟原定金铺业及金银首饰器皿业之同一税率，按之北平市近时状况，是否相宜，除函复外，相应照录原附抄函一件，咨请查照，转饬查明，并予见复等因，附抄函一件，准此合行抄发原件，令仰该会查明，核议具复，以凭转咨。此令	晚清民国期刊全文数据库
《新闻通讯》第19期	一月至七月妇女首饰品进口较去年增加		17页		1934年	文字	【上海电】国际贸易局发表：本年一月至七月，妇女用品之真假首饰进口总值国币二十二万二千四百元，较去年同期增二万六千余元	晚清民国期刊全文数据库

续表

文献名	卷数 / 篇题	作者 / 编者	页码	版本（出版者）	出版时间	数据类型	摘　　录	数据库 / 网站
《经济旬刊》第 5 卷 第 17–18 期	经济要闻：国内：北平市银器首饰仍准用纯银制造		105 页		1935 年	文字	平市首饰及金店两同业公会，前以财省部颁布银制品用银规则，规定首饰及银器，限用银三成纯银，该会等以此项规定，于制造上颇感不便，且影响营业，特函请市商会转呈市府请准依照该项规则第十一条艺术品得用纯银之规定，将首饰及银制品，列入艺术品，仍准沿用纯银制造。市府据呈后，为体恤商艰，十三日特批示商会准银制器皿及首饰，仍用纯银制造，令转知两公会知照，并咨财政部备案。	晚清民国期刊全文数据库
《北洋画报》第 28 卷 第 1367 期	全国首饰业代表请愿团共百余人廿七日抵京……：［照片］	国际社	1 页		1936 年	文字，图片	全国首饰业代表请愿团共百余人廿七日抵京，向国府请愿，修改用银管理规则，图为代表齐聚国府门前。	晚清民国期刊全文数据库
《良友》第 120 期	知识之宫：行将开幕之上海市博物馆：古代首饰窗橱之一部：［照片］		8 页		1936 年	文字，图片	古代首饰窗橱之一部	晚清民国期刊全文数据库

续表

文献名	卷数 / 篇题	作者 / 编者	页码	版本（出版者）	出版时间	数据类型	摘　　录	数据库 / 网站
《通问报：耶稣教家庭新闻》第1676期	词林：征首饰捐以救国难（七绝四首）	孟庸	16页		1936年	文字	从戎男子走天涯，为国牺牲不顾家，妇女不知兵士苦，也当助饷爱中华。 奢华妇女尚时新，珠宝簪环金与银，请学木兰能爱国，从戎朴素是贤人。 摩登妇女太猖狂，寓禁于征法最良，首饰加捐归正用，偿还外债国能强。 金银首饰最珍奇，寒不能衣不当饥，倘愿投捐归政府，芳型足式显仁慈	晚清民国期刊全文数据库
《国际贸易情报》第1卷第15期	贸易介绍：贵重首饰		29页		1936年	文字	荷兰J.S.A.Stern，拟办镶于白金金银之上贵重及半贵宝石首饰，该项首饰在荷兰销路甚佳，请厂商注意	晚清民国期刊全文数据库
《国际贸易情报》第2卷第26期	贸易介绍：首饰		53页		1937年	文字	南菲洲 Gerson's, 106 Adderley Street, Capetown 拟办首饰,（Jewellery）请介绍殷宝商	晚清民国期刊全文数据库
《明灯道声女铎非常时期合刊》十月	小言：希望全国妇女以金银首饰贡献政府		17页		1937年	文字	我们如是有心救国的，大家都要起来，拿我们所有的金银首饰、器皿去购救国公债，最低限度也须要拿出来向中中交农四银行兑换法币，存入银行。这样，才算尽了妇女们一部分的责任	晚清民国期刊全文数据库
《商业月报：战时特刊》第5期	国内经济动向：救国公债辑要：金银首饰换购公债中中交农均可照收		37页		1937年	文字	凡以金银物品抵购救国公债，由中央银行一家另设专部聘请专家估价收受，并按估价加给百分之六	晚清民国期刊全文数据库

续表

文献名	卷数 / 篇题	作者 / 编者	页码	版本（出版者）	出版时间	数据类型	摘录	数据库 / 网站
《三六九画报》00001	店幌（五十）：首饰楼（附照片）	侯甲峰	13 页		1943 年	文字	首饰楼一名银楼，在昔银楼门口多有一木制小楼，建于立柱上，雕刻极精，用以象征首饰雕镂精巧之技术。近数十年此种小楼已绝迹。安定门内路西已关闭之凤舞银楼屋顶尚有一小型木楼，兹摄影制版刊布。	晚清民国期刊全文数据库
故宫博物院藏品	金累丝花囊					文字，图片	金累丝花囊，清，长 5.6 厘米，宽 5 厘米。 花囊圆形，分为器与盖两部分。器、盖均以细金丝镂空累制而成，饰为五瓣花形锦地，其上均有三组点翠花叶纹。花囊上下用黄丝绳穿系大小珊瑚珠及米珠。花囊的开关位于下部。花囊可开合，既可盛放香料，亦可盛鲜花等，香味从镂空的孔中溢出，是悬挂于腰带上的饰物。	故宫博物院官网
故宫博物院藏品	银累丝花瓶					文字，图片	银累丝花瓶，清，口径 10.5 厘米，底径 9.8 厘米，高 17.1 厘米。清宫旧藏。 银胎，侈口，垂腹大肚，台足。用三种粗细不等的银丝累成：以甚粗的银方丝焊结成器形为胎；用较粗的银圆丝累卷草图案；用细圆丝在轮廓外累卷须。瓶口、身胴呈十二棱形，每棱均弧面，两棱相结处下陷，成三角沟状，与通常瓜棱式瓜菊瓣处理手法不同。累丝卷草纹也与清皇家工艺品常用的卷草迥然有别。 此瓶通身累丝灵透，饶有异趣，系清代回部工匠所制，足以代表清代中期新疆银累丝的工艺水平及其地方风格。	故宫博物院官网

续表

文献名	卷数 / 篇题	作者 / 编者	页码	版本（出版者）	出版时间	数据类型	摘录	数据库 / 网站
故宫博物院藏品	小银累丝桌椅					文字，图片	小银累丝桌椅，清，桌面直径 4.5 厘米，高 4.5 厘米。椅高 5.5 厘米，长 2 厘米，宽 2 厘米	故宫博物院官网
故宫博物院藏品	金累丝嵌珠宝塔					文字，图片	金累丝嵌珠宝塔，清，通高 70 厘米，底径 38 厘米。 此塔有三大特色：一是用材名贵，塔身通体为黄金质；二是装饰华丽，遍身嵌饰珍珠、绿松石、青金石等，具有明显的西藏风格的装饰风味；三是形制独特，正中为中心塔，四周围绕着八座小塔，分别代表四方四维八个方向，是藏传佛教空间观念的体现。此塔是典型的胜乐金刚形式	故宫博物院官网
故宫博物院藏品	金累丝点翠扁方					文字，图片	金累丝点翠扁方，清，长 30.6 厘米，宽 2.7 厘米	故宫博物院官网
故宫博物院藏品	金累丝九凤钿口					文字，图片	金累丝九凤钿口，清，长 14.5 厘米，重 47.5g。钿口长形，稍有弯弧度。金累丝九凤，凤头顶大珍珠各一，口衔流苏，流苏的构成有 7 颗珍珠，中间缀有碧玺、珊瑚、青金石等各色料石及坠角。 钿口是清代后妃戴用的冠帽——钿子口沿上的装饰物，其纹饰多样。后妃多用凤纹钿口，有九凤、七凤、五凤等。九凤钿口为皇太后、皇后所戴用	故宫博物院官网

续表

文献名	卷数 / 篇题	作者 / 编者	页码	版本（出版者）	出版时间	数据类型	摘　　录	数据库 / 网站
故宫博物院藏品	金累丝万年如意					文字，图片	金累丝万年如意，清，长 42.7 厘米，柄宽 5.4 厘米，头最宽 11.3 厘米。 如意为木胎，其上采用八成金质累丝工艺。如意头的正面为累丝古钱纹，中心嵌绿松石“乙酉”二字，背面为镂空的古钱纹并露出木胎。柄的正面亦为累丝古钱纹，镶嵌绿松石“万年如意”四字，背面为累丝六角锦纹。如意的侧边以卷草纹为饰。 此如意为一套 60 柄之一，是乾隆皇帝六十寿辰时王公大臣们的进献之物。各如意头正面分别镶嵌“甲子”“乙丑”“癸亥”等干支记年字样，正合六十甲子一周。 如意的做工精湛、细腻、繁复，是清代乾隆时期的典型作品。	故宫博物院官网
故宫博物院藏品	银烧蓝累丝圆盒					文字，图片	银烧蓝累丝圆盒，清，口径 9.5 厘米，足径 6.1 厘米，高 3.9 厘米。清宫旧藏。 盒银胎。扁圆体，圈足。以粗银丝做骨架，再以细或较细的两种银丝累、掐而成。盖边分八组，累丝卷草掐丝卷须焊底，缀及八瓣掐丝菊花，掐丝卷须焊底，填烧蓝、绿亮色透明硬珐琅。盒身装饰与盒盖一一对应。 下层累丝卷草花；上层掐丝八瓣菊花及卷草，叶填蓝、绿两种透明珐琅。圈足。此器是银累丝与透明珐琅相结合的复合工艺品，成于清代中期，为清内廷陈设中极为少见之物。	故宫博物院官网

续表

文献名	卷数 / 篇题	作者 / 编者	页码	版本（出版者）	出版时间	数据类型	摘录	数据库 / 网站
故宫博物院藏品	银累丝葵瓣式盒					文字，图片	银累丝葵瓣式盒，清，高7厘米，口径14厘米，底径9.9厘米。 盒为八瓣葵瓣式，通体累丝拼接而成，盖顶圆形装饰凸起双龙戏珠纹，四周装饰八吉祥纹，再外围葵瓣则以开光花卉为装饰。盒盖、合身形状、累丝底纹皆成对称，严丝合缝，可谓工艺精巧至极。	故宫博物院官网
故宫博物院藏品	金累丝嵌松石花卉纹盒					文字，图片	金累丝嵌松石花卉纹盒，清，高5厘米，长8.3厘米，宽7厘米	故宫博物院官网
故宫博物院藏品	金累丝嵌松石火镰套					文字，图片	金累丝嵌松石火镰套，清，长8.7厘米，宽6.5厘米。 火镰套为扁葫芦形，金质累丝，两面满嵌绿松石小朵花，黄丝带上系红珊瑚珠一粒。此件火镰套工艺极其复杂和精致，它与一件赤金嵌松石镂空扳指盒同挂于一付吉服带之上。 火镰是古代的燃火工具。在火镰套内一般装有火镰、火绒、火石，使用时用火绒包住火石与火镰刃磨擦，使之燃烧。清代，火镰套成为男子出门时的随身之物，许多火镰套做工精致，外观美丽，颇具观赏价值。	故宫博物院官网

续表

文献名	卷数 / 篇题	作者 / 编者	页码	版本（出版者）	出版时间	数据类型	摘　　录	数据库 / 网站
故宫博物院藏品	金累丝镶珠石香囊					文字，图片	金累丝镶珠石香囊，清，长7.2厘米，宽5厘米，厚2.2厘米。 香囊九成金质，长方委角形，周身由镂空的累丝花瓣组成。两面均有嵌珍珠花树，叶为点翠，边沿镶嵌绿松石珠一周。香囊上下均有丝绳及红色珊瑚珠为饰。中空，一端有一活动插钮，可启闭。 清代香囊的种类很多，金质香囊有圆形和长方形，一般多镂空，可放入香料或鲜花的花瓣，系于腰间，是清代的服装佩饰之一	故宫博物院官网
故宫博物院藏品	金累丝嵌珠石升官簪					文字，图片	金累丝嵌珠石升官簪，清，长6厘米，宽4.5厘米	故宫博物院官网
故宫博物院藏品	金累丝嵌松石坛城					文字，图片	金累丝嵌松石坛城，清，通高37厘米，坛城高20厘米，径18厘米。 坛城，梵文音译“曼荼罗”或“曼陀罗”。用立体或平面的方圆几何图形绘塑神像、法器，表现诸神的坛场和宫殿。坛城是密教修习和供奉的重要法物。此件坛城以金累丝工艺将外围的火焰墙、金刚墙到中心的经阁。本尊均严格地依照藏传佛教仪轨中的规定一一表现出来，繁而不乱，反映出宫廷工匠高超的工艺水平	故宫博物院官网
故宫博物院藏品	金累丝葫芦式耳坠					文字	金累丝葫芦式耳坠，清，通长5.5厘米，宽1.6厘米	故宫博物院官网

续表

文献名	卷数 / 篇题	作者 / 编者	页码	版本（出版者）	出版时间	数据类型	摘　　录	数据库 / 网站
故宫博物院藏品	金累丝龙纹椭圆盒					文字	金累丝龙纹椭圆盒，清，高 2 厘米，长 7.5 厘米，宽 5.3 厘米	故宫博物院官网
故宫博物院藏品	金累丝点翠四龙戏珠镯					文字，图片	金累丝点翠四龙戏珠镯，清，高 1.7 厘米，径 7.6 厘米	故宫博物院官网
故宫博物院藏品	金累丝博古纹花囊					文字，图片	金累丝博古纹花囊，清，高 2 厘米，长 7.8 厘米，宽 5.7 厘米	故宫博物院官网
故宫博物院藏品	金嵌珠石累丝香囊					文字，图片	金嵌珠石累丝香囊，清，长 7.1 厘米，宽 5.2 厘米，厚 1.4 厘米。 香囊周身由镂空的累丝花瓣组成，上下均有丝绳及红色珊瑚珠为饰，一端置插纽，可启闭。清代香囊种类繁多，金质香囊多镂空，用以放入香料或鲜花的花瓣，系于腰间，是珍贵精美的佩饰之一	故宫博物院官网
故宫博物院藏品	银鎏金累丝提梁花篮					文字，图片	银鎏金累丝提梁花篮，清，通梁高 19.5 厘米，口径 7.7 厘米，足径 8.4 厘米。 花篮短颈，丰肩膀，腹下收敛，竖长平框式提梁，带纯金骨朵式钮盖。篮身由八瓣相同装饰的曲面焊接而成，每个曲面以对称的桃形纹饰为主，其间细丝卷曲盘桓，勾勒出规律而又富于变化的几何纹样	故宫博物院官网

续表

文献名	卷数 / 篇题	作者 / 编者	页码	版本（出版者）	出版时间	数据类型	摘　　录	数据库 / 网站
故宫博物院藏品	金累丝嵌松石斋戒牌					文字，图片	金累丝嵌松石斋戒牌，清，牌长 8.40 厘米，宽 4.10 厘米，厚 0.50 厘米。清宫旧藏。 斋戒牌长圆形，边缘为累丝卷云纹，中部累丝四朵梅花，一面嵌青金石“斋戒”二字，一面为满文。上下嵌松石，上为兽面纹，红珊瑚为眼，青金石为眉。以丝绳、珍珠、红珊瑚蝙蝠穿系。 斋戒牌是清代皇帝及文武官员祭祀时挂于身上的警示牌。雍正十年（1732 年），雍正皇帝认为内外大小官员虽设斋戒牌于官署，但恐言动起居之际稍有懈慢，故酌定斋戒牌的样式，缩小尺寸，谕令各官员将斋戒牌佩于心胸之间，并得彼此观瞻，以期简束身心，竭诚致敬，不稍放逸	故宫博物院官网
故宫博物院藏品	铜镀金累丝嵌翠三镶如意					文字，图片	铜镀金累丝嵌翠三镶如意，清，长 61 厘米，宽 15 厘米，高 15 厘米。如意通身为古铜钱纹，柄刻暗八仙，首、身、尾三处各嵌翠一块，上琢竹子和松等图案。镶玉底座有团“寿”、蝴蝶等图案循环围绕。黄丝穗结如“寿”字，上下各系有两个“万”字纹的小绳。此如意制作精巧，根据黄签所记，此为恭亲王所进。三镶如意是乾隆时创造的一种新形制，初见于竹木材质的如意，此后非常流行，扩展到竹木以外的材质，所嵌也不止是玉饰。后产生出只镶首尾的两镶如意和只镶柄首的单镶如意等异型	故宫博物院官网

续表

文献名	卷数 / 篇题	作者 / 编者	页码	版本（出版者）	出版时间	数据类型	摘　　录	数据库 / 网站
故宫博物院藏品	铜镀金累丝点翠嵌珠石凤钿					文字，图片	铜镀金累丝点翠嵌珠石凤钿，清光绪，高 20 厘米，宽 30 厘米。清宫旧藏。 此为光绪帝皇后穿吉服时所戴。钿子用藤片做骨架，以青色丝线缠绕编结成网状。钿上部圈以点翠镂空古钱纹头面，下衬红色丝绒。钿口饰金凤凰六，钿尾饰金凤五，下饰金翟鸟七，均口衔各种串珠宝石缨络，具有很好的装饰效果。 钿子是满洲贵族妇女在除皇帝登基、大婚、后妃受册封以外的吉庆节日里最常戴的一种冠帽。按《道咸以来朝野杂记》记载：“妇女著礼袍褂时，头上所带者曰钿子。钿子分凤钿、满钿、半钿三种。其制以黑绒及缎条制成内胎，以银丝或铜丝之外，缀点翠，或穿珠之饰”	故宫博物院官网

续表

文献名	卷数 / 篇题	作者 / 编者	页码	版本（出版者）	出版时间	数据类型	摘录	数据库 / 网站
故宫博物院藏品	银累丝海棠花式盆珊瑚牡丹盆景					文字，图片	银累丝海棠花式盆珊瑚牡丹盆景，清中期，造办处造，通高69厘米，盆高21厘米，盆径27—24.5厘米。清宫旧藏。 铜胎银累丝海棠花式盆，口沿錾铜镀金蕉叶，近足处錾铜镀金蝠寿纹。盆壁以银累丝烧蓝工艺在四壁的菱花形开光中组成吉祥图案。盆正背两面为桃树、麒麟纹，左右两侧面为凤凰展翅纹。盆座面满铺珊瑚米珠串，中央垒绿色染石山，山上嵌制一株红珊瑚枝干的桃树，树上深绿色的翠叶丛中挂满各色蜜桃，有红、黄色的蜜蜡果，粉、蓝色的碧玺果，绿色的翡翠果，白色的砗磲及异形大珍珠镶制的果实，红、粉、黄、蓝、绿、白相间，五彩缤纷。 此景盆工艺虽由于年代久远银丝已氧化变黑，然而仍不掩其工艺之精湛。盆上桃树景致枝红、叶绿、果艳，硕果累累，玲珑珍奇，璀璨夺目。	故宫博物院官网
故宫博物院藏品	金累丝嵌乾隆佛装像佛窝					文字，图片	金累丝嵌乾隆佛装像佛窝，清，高2厘米，长7.8厘米，宽4.8厘米。	故宫博物院官网

续表

文献名	卷数 / 篇题	作者 / 编者	页码	版本（出版者）	出版时间	数据类型	摘　　录	数据库 / 网站
故宫博物院藏品	银累丝烧蓝五蝠捧寿委角盒					文字，图片	银累丝烧蓝五蝠捧寿委角盒，清，长 16.5 厘米，宽 12.3 厘米，高 9 厘米。 盒为银胎，四方委角形，左右两侧设铜镀金提环。各面均以料石围边，内嵌开光，开光内饰银累丝花叶纹及烧蓝花卉、动物等纹饰。特别是盖面的制作更为精致：四角各錾刻松鼠，活泼可爱，中间嵌烧蓝五蝠捧寿纹。此盒的银累丝制作精良，技艺高超，细微处亦精益求精，可谓累丝工艺中的精品。 此盒作工精细，富丽堂皇，当为后妃盛首饰之用。	故宫博物院官网
故宫博物院藏品	银鎏金累丝嵌珠石指甲套					文字，图片	银鎏金累丝嵌珠石指甲套，清，长 9 厘米，底部外径 1.40 厘米，内径 1.10 厘米，顶部 0.50 厘米。清宫旧藏。 指甲套为银鎏金，通体采用累丝工艺，并以点翠装饰蝙蝠图案和“寿”字图案。蝙蝠上嵌红色宝石一粒，“寿”字上镶珍珠一颗。 清代贵族女子有留长指甲的风习，因此，清代常用金银作成指甲套，也有铜镀金累丝、铜镀金镂空等形式的指甲套。此指甲套以累丝工艺做成古钱纹，制作细致，为清代后妃所用。	故宫博物院官网

续表

文献名	卷数 / 篇题	作者 / 编者	页码	版本（出版者）	出版时间	数据类型	摘　　录	数据库 / 网站
故宫博物院藏品	银镀金累丝长方盆穿珠梅花盆景					文字，图片	银镀金累丝长方盆穿珠梅花盆景，清中期，造办处造，通高 42 厘米，盆高 19.3 厘米，盆径 24—18.5 厘米。清宫旧藏。 银镀金累丝长方形盆，盆口沿垂嵌米珠如意头形边，每个小如意头中又嵌红宝石。盆壁累丝地上饰烧蓝花叶纹和各式开光，烧蓝花叶上又嵌以翡翠、碧玺、红宝石做的果实、花卉等图案，开光内则以极细小的米珠、珊瑚珠和翡翠等宝石珠编串成各式花卉图案。盆上以珊瑚、天竹、梅花组成“齐眉祝寿”景致，银累丝点翠的山子上满嵌红、蓝、黄等各色宝石。山子后植银烧蓝梅树、珊瑚树和天竹，梅树上以大珍珠、红宝石、蓝宝石穿成梅花，天竹为缠金丝干，点翠叶，顶端结红珊瑚珠果，纤秀华丽。此盆景镂金错玉，穿珠垒银，遍铺宝石，特别是一树梅花珠光宝气，共用大珍珠 64 颗，红蓝宝石 216 粒，精雕细作，鬼斧神工，令人目眩	故宫博物院官网

续表

文献名	卷数 / 篇题	作者 / 编者	页码	版本（出版者）	出版时间	数据类型	摘录	数据库 / 网站
故宫博物院藏品	银累丝双龙戏珠纹葵瓣式盒				清	文字，图片	银累丝双龙戏珠纹葵瓣式盒，清，高 6.3 厘米，口径 14 厘米。 盒为葵瓣式，下敛，随形圈足。盒体以细银丝累出缠枝花纹为地，其上用粗银丝掐成纹饰。盒盖中心圆形开光内饰双龙戏珠图案，其外八 8 个云头式小开光内饰八吉祥宝纹，盖边 8 个开光内饰花卉纹。 清代银器制造工艺在元、明两代的基础上有了突飞猛进的发展，至乾隆时期达到高峰。银器使用范围进一步扩大，器型增多，图案也有了很大的变化。此盒累丝细腻，纹饰清晰，图案精美，制作工细，充分反映了清代花丝镶嵌工艺的艺术风格和技术水平	故宫博物院官网
故宫博物院藏品	银累丝海棠花式盆珊瑚桃树盆景				清	文字	银累丝海棠花式盆珊瑚桃树盆景，清中期，造办处造，通高 69 厘米，盆高 21 厘米，盆径 27—24.5 厘米。清宫旧藏。 铜胎银累丝海棠花式盆，口沿錾铜镀金蕉叶，近足处錾铜镀金蝠寿纹。盆壁以银累丝烧蓝工艺在四壁的菱花形开光中组成吉祥图案。盆正背两面为桃树、麒麟纹，左右两侧面为凤凰展翅纹。盆面满铺珊瑚米珠串，中央立绿色染石山子，山上植一株红珊瑚树，树上深绿色的翠叶丛中簇拥着 9 朵分别由白玉、芙蓉石和蜜蜡制成的牡丹花，雍容富丽。 此件盆景与珊瑚宝石福寿绵长盆景为一对，共寓“福寿绵长、富贵满堂”之意	故宫博物院官网

续表

文献名	卷数 / 篇题	作者 / 编者	页码	版本（出版者）	出版时间	数据类型	摘录	数据库 / 网站
故宫博物院藏品	金银丝花纹缎镶嵌珠嵌珠櫜鞬				清	文字，图片	乾隆帝御用櫜鞬，清乾隆，长 78 厘米，宽 34 厘米；櫜长 37 厘米。清宫旧藏。 弓箭袋，附皮签："高宗纯皇帝御用嵌珠金银丝櫜鞬一副乾隆四十三年恭贮"。	故宫博物院官网
故宫博物院藏品	金嵌宝石盒				清乾隆	图片		故宫博物院官网
故宫博物院藏品	金嵌宝石朝冠耳炉				清乾隆	图片		故宫博物院官网
故宫博物院藏品	金錾花嵌宝石银里右旋白螺				清乾隆	图片		故宫博物院官网
故宫博物院藏品	镶金串珠嘎巴拉鼓				清	图片		故宫博物院官网
故宫博物院藏品	金佛				清	图片		故宫博物院官网
故宫博物院藏品	金镶珠花蝠簪				清	图片		故宫博物院官网
故宫博物院藏品	银累丝圆盒				清	图片		故宫博物院官网
故宫博物院藏品	银累丝烧蓝花式盒				清	图片		故宫博物院官网
故宫博物院藏品	银錾刻蝴蝶式粉盒				清	图片		故宫博物院官网

续表

文献名	卷数 / 篇题	作者 / 编者	页码	版本（出版者）	出版时间	数据类型	摘录	数据库 / 网站
故宫博物院藏品	金丝小鼠				清	图片		故宫博物院官网
故宫博物院藏品	银累丝嵌珐琅镜表				清	图片		故宫博物院官网
故宫博物院藏品	金累丝点翠花囊				清	图片		故宫博物院官网
故宫博物院藏品	金累丝錾花嵌松石塔				清	图片		故宫博物院官网
故宫博物院藏品	金累丝嵌松石盘				清	图片		故宫博物院官网
故宫博物院藏品	银镀金累丝手镯				清	图片		故宫博物院官网
故宫博物院藏品	铜镀金累丝龙形耳环				清	图片		故宫博物院官网
故宫博物院藏品	金镶珠石累丝升官簪				清	图片		故宫博物院官网
故宫博物院藏品	银累丝嵌玉石玻璃盆银叶玉石桃花盆景				清	图片		故宫博物院官网
故宫博物院藏品	银镀金累丝龙形嵌珠簪				清	图片		故宫博物院官网

续表

文献名	卷数 / 篇题	作者 / 编者	页码	版本（出版者）	出版时间	数据类型	摘　　录	数据库 / 网站
故宫博物院藏品	金累丝凤				清	图片		故宫博物院官网
故宫博物院藏品	铁金累丝盔				清	图片		故宫博物院官网
故宫博物院藏品	银镀金点翠累丝珠石耳环				清	图片		故宫博物院官网
故宫博物院藏品	痕都斯坦白玉嵌金丝带盖碗				清	图片		故宫博物院官网
故宫博物院藏品	金錾双龙戏珠镯				清	图片		故宫博物院官网
故宫博物院藏品	金镶珠宝帽顶				清	图片		故宫博物院官网
故宫博物院藏品	银镀金镶料石头针				清	图片		故宫博物院官网
中国国家博物馆藏品	镶宝石珍珠金指甲套				清	文字，图片	这两件指甲套形制大体相同，呈圆锥形，以金丝累成，每件上均饰以米珠围成的花瓣五，再以红、绿宝石饰以花蕊，以点翠制成枝杈，其整体工艺精美，具有很好的装饰效果。指甲套在中国古代具有悠久的历史，其又称作“护指”，为清代后妃护理指甲的必备之物，装饰花样繁多。此件金镶宝石珍珠指甲套制作工艺非常细腻，尤其在对金丝的加工方面甚为精细。其所应用的累丝工艺是我国古代金工传统工艺之一，又名“花作”或“花纹”，为金属工艺中最精巧者。	中国国家博物馆官网

续表

文献名	卷数 / 篇题	作者 / 编者	页码	版本（出版者）	出版时间	数据类型	摘　　录	数据库 / 网站
故宫博物院藏品	嵌珍珠宝石金项链				隋	文字，图片	长 43 厘米，重 91.25 克 1957 年陕西西安梁家庄隋李静训墓出土 这条金项链由二十八个金质球形链珠组成，每个球形链珠均由十二个小金环焊接而成，其上又各嵌珍珠十颗，珠光闪闪，璀璨夺目。项链上端正中为圆形，内嵌凹刻一花角鹿的深蓝色垂珠。项链下端居中为一个大圆金饰，上镶嵌一红色宝石，宝石四周嵌有二十四颗珍珠，左右两侧各有一圆形金饰，上镶嵌蓝色珠饰，周缘亦各镶嵌珍珠一周。 宝石下挂一心形金饰，上镶嵌一块长达 3.1 厘米的蓝色宝石。整条项链红、蓝色宝石交相辉映，再配以洁白的珍珠，在纯金的烘托下格外鲜艳夺目，雍容华贵。 这条项链与同出的手镯、珠花一样，属于隋代贵族李静训。李静训，又叫“李小孩”，陇西成纪（今甘肃秦安县）人，北周大将军李贤曾孙女，光禄大夫李敏之女。其自幼深受外祖母北周太后杨丽华的宠爱，一直在宫中抚养。隋大业四年（608 年），李静训殁于宫中，年仅九岁。杨丽华十分悲痛，厚礼葬之，其墓葬规格之高、出土文物之华丽，令人惊叹	中国国家博物馆官网

续表

文献名	卷数 / 篇题	作者 / 编者	页码	版本（出版者）	出版时间	数据类型	摘　　录	数据库 / 网站
中国国家博物馆藏品	累丝镂雕花纹金镯				明万历	文字	直径 7.5 厘米 1958 年北京昌平定陵出土 金镯一对，内底为一圈金片，外层皆以金丝镂雕花纹。手镯内刻铭文“大化”二字。明代的金银器制作工艺手法多变，通过花丝、錾花、打胎和镶嵌技术制作出精美的金银制品。定陵出土的首饰大多需要运用多种技艺，包括打制、雕刻、累丝、琢玉、镶嵌、焊接等，充分体现了明代细金工艺的高超水准	中国国家博物馆官网
中国国家博物馆藏品	镶宝石金手镯				明嘉靖	文字，图片	直径 6.5 厘米，宽 2.6 厘米，重 139 克 1958 年江西省南城县长塘街益庄王墓出土 金镯，一对两只，以轴连接，可开合。外壁满饰纹样，焊有八个等距分布的花丝托，每个托口有四根金丝，“爪镶”有八块颜色各异的宝石镶嵌，其中两块分别置于开口和轴承处，遮住缝隙，使之看上去美观而富丽。手镯是首饰的一种，最早出现于汉代，唐代已经十分流行，至明清时妇女戴手镯已很普遍	中国国家博物馆官网

续表

文献名	卷数 / 篇题	作者 / 编者	页码	版本（出版者）	出版时间	数据类型	摘录	数据库 / 网站
中国国家博物馆藏品	楼阁人物金簪				明嘉靖	文字，图片	高 17.9 厘米，宽 6.7 厘米，重 58 克 1958 年江西南城长塘街益庄王墓出土 簪首累丝楼阁人物两排，周围缀有流云，阁楼内有五人，女主人坐正中，主人两侧分别有两侍女。扁菱形状脚，底部较尖。此簪有两件，图式对称，分插左右两边。明代是楼阁图案作为簪首的兴盛时期，其楼阁造型十分仿真，人物姿态各异，花草丛生乃是现实生活的写照。中国国家博物馆馆藏九件益庄王墓出土的楼阁人物金簪，在设计和制作上都极尽工巧之能事，高超的累丝工艺，将金料拉成极细的金丝，编织成各式花纹，在制作中大量采用的线空技术，使簪首既轻巧玲珑，又绚丽耀眼，其金银制作工艺可谓空前绝后，为后人留下了罕见的艺术珍品	中国国家博物馆官网

续表

文献名	卷数 / 篇题	作者 / 编者	页码	版本（出版者）	出版时间	数据类型	摘　　录	数据库 / 网站
中国国家博物馆藏品	簪镶宝石金冠				明嘉靖	文字	长 11 厘米 1958 年江西南城长塘街益庄三墓出土 明益庄王朱厚烨万妃棺中出土。冠由圈、盖、檐和舌四部分组成，通体以卷叶形金丝焊接而成。冠底以金圈围成椭圆形，饰镂空金丝花纹，圈上覆椭圆形冠盖，中线处为两条拱形横筋，夹嵌九颗宝石，又有九条纵筋平均分布，与横筋一起形成冠盖的支架；冠圈前后左右各有一片檐，后檐接两舌，檐面、檐角和舌面、舌角都嵌有宝石。冠盖横筋左右底部各有一小孔，孔内各插金一枚，用于固定头发，簪头为伞形，雾刻花纹，柄压印“银作局嘉靖二十六年（1547 年）十月造金五钱”字样；冠盖前端中间亦留有一簪孔。此冠冠体如一件覆扣的椭圆形钵盂。覆盂形冠是明代女冠的一类，相似者在南京江宁殷正统四年（1439 年）沐晟墓和南京邓府山明佟卜年妻陈氏墓都有出土。这件金冠精美绝伦，其上对称嵌五十五颗各色宝石，交相辉映，金丝细如头发，编缀精妙，充分体现了明代金银工艺的高超技术，是一件不可多得的艺术珍品	中国国家博物馆官网

续表

文献名	卷数 / 篇题	作者 / 编者	页码	版本（出版者）	出版时间	数据类型	摘录	数据库 / 网站
中国国家博物馆藏品	楼阁人物金簪				明嘉靖	文字，图片	高 18.1 厘米，宽 3.3 厘米，重 43.4 克 1958 年江西南城长塘街益庄王墓出土 此簪为一对，簪首累丝楼阁人物两排，周围缀花草，形如橄榄。二层阁楼，上层居中一人手持，下层三人，主人居中手持分，两侍女分立两侧。此簪制作精细，楼阁的围栏及窗花均镂空，人物立体，层次分明。古代男女都可带簪，其用途有二——安发和固冠，因此是一种日用品。金银制作的发簪则基本属于贵族使用之物，可以体现其身份和地位、古时罪犯是不允许带簪的，即使贵为后妃，如有过失，也要退簪，可见簪同时还是尊严的象征	中国国家博物馆官网
中国国家博物馆藏品	楼阁人物金簪				明嘉靖	文字，图片	高 5.1 厘米，宽 9.8 厘米，重 91 克 1958 年江西南城长塘街益庄王墓出土 簪首呈弧形，由三栋并排的楼阁组成，中间的楼阁最高，两侧的稍低，左右最外翼有对称的累丝云朵，上嵌金花。正面楼阁为上下两层，下层为三开间，分立三人，中间一人双手执笏，左右两侧各一人执扇。上层无架柱，只见重檐屋顶，下层亦为重檐。左右两栋也各有三开间，各间之内均有造像。每座宫殿的中间都有踏阶，两侧有护栏。此簪簪足向背后平伸，应为平插式。又据其中间高、两边低的带弧度的造型特点，应属明代头面中的“分心”，即从狄髻的前沿或后沿底部正中插入，簪两侧的云朵延伸出来恰好能罩住侧面鬓角	中国国家博物馆官网

续表

文献名	卷数 / 篇题	作者 / 编者	页码	版本（出版者）	出版时间	数据类型	摘录	数据库 / 网站
中国国家博物馆藏品	鎏金银簪钗				唐	文字	凤形叙长 33 厘米，扇形钗长 29.6 厘米，扇形簪长 29 厘米 钗出土于陕西户县（鄠县）；簪出土于河南陕县 此 6 件，两股的为钗，有凤形钗和尖头扇形钗各 1 对，凤形钗图案相同，方向相反；单股的为簪，有平头扇形簪一对。 簪、钗都是约发用具。簪用以固发，源于先秦时期的笄。簪的质地有竹、角、金、银、牙、玉等多种。玉簪又有“搔头”之称，唐李贤墓《观鸟捕蝉图》中，就画有女子正用长簪搔头。因为是单股，如里顶端太重容易从发上脱落，所以唐代以固髻为主的簪的形式比较简洁，多是和弹琵琶用的拨子相似的扇形簪。钗的形式则多种多样，不仅花饰繁缛，钗头还常悬挂垂饰。唐永泰公主墓和懿德太子墓石椁线刻画中的女侍就有用花形和凤形钗的，她们或插 1 枚或插 2 枚，钗头都悬垂饰。唐代后妃、命妇头簪“花树”，实际就是钗头饰有花鸟图案的较大花钗。这种花钗一般一式两件，图案相同，方向相反，以多枚左右对称插戴。按照品级，皇后善 12 花树，其他依次递减，也有单数的	中国国家博物馆官网

续表

文献名	卷数 / 篇题	作者 / 编者	页码	版本（出版者）	出版时间	数据类型	摘　　录	数据库 / 网站
中国国家博物馆藏品	立凤金钗				明永乐	文字，图片	长 22.3 厘米，重 139 克，75.7 克 1958 年江西南城长塘街益庄王墓出土 立凤金簪一对，簪首为一只金凤，立于一片祥云的顶端，簪足为扁形，顶端侧弯，接于祥云底部，将金凤高高托起。金凤挺胸而立，双翅扬起，尾羽以优美的弧线向上翻卷，除头部以金叶制成外，其余部分均以极细的金丝累制而成，细致地刻画出凤冠和凤羽。簪足上刻有“银作局永乐贰拾贰年拾月内成造玖成色金贰两外焊贰分”字样。	中国国家博物馆官网
海淀博物馆藏品	金绳纹镯（一对）					文字，图片	1985 年出土 金质，开口式镯。镯身呈绳纹式	海淀博物馆官网
海淀博物馆藏品	金掐丝“平安”簪					文字，图片	1992 年出土 金质，针形。掐丝瓶式簪首，瓶口出“安”字，两端各出横梁，其上各坠累丝磬形饰件，有平安吉庆的美好寓意。	海淀博物馆官网
海淀博物馆藏品	金累丝龙纹簪					文字，图片	金质，扁针形。簪首为如意云头形金片，边缘饰以掐丝云纹，金片正中出累丝腾龙纹。造型生动逼真。	海淀博物馆官网
海淀博物馆藏品	金嵌宝石凤纹饰件					文字，图片	2002 年出土 金质，累丝凤形簪首，簪柄佚失，凤首顶部有镶嵌槽一个（嵌物佚失）。凤昂首振翅，口衔金珠，整体造型美观。	海淀博物馆官网
海淀博物馆藏品	金嵌宝石龙纹饰件（四件）					文字，图片	2002 年出土 金质，龙纹饰件。四爪，龙身采用累丝工艺，并嵌宝石，作游走腾飞状，造型生动。	海淀博物馆宣网

The Selected Historical Materials of *Filigree Inlay*

CAO Mengjie, GAO Keli

(Institute for Cultural Heritage and History of Science & Technology, University of Science and Technology Beijing, Beijing 100083, China)

Abstract: This paper reviews the historical origin of the Beijing traditional craftsmanship of filigree inlay, focusing on the development of the technique and its industry in modern times. Appendix is a summary table of historical materials related to *filigree inlay*.

Keywords: Beijing traditional craftsmanship; filigree inlay; database of historical materials